高等教育工程造价专业“十四五”重点建设系列教材

工程造价专业概论

（第2版）

GONGCHENG ZAOJIA ZHUANYE GAILUN

主　编⊙张建平　董自才
副主编⊙容绍波　赖应良
参　编⊙苏　玉　杨嘉玲

西南交通大学出版社
·成 都·

内容简介

本书介绍了与工程造价专业有关的基本知识。全书共分为8章，即工程造价与造价专业、工程造价咨询业发展、工程造价的理论体系、造价工程师岗位能力、造价工程师业务体系、造价工程师人才培养、造价专业的课程体系、造价专业的学习方法。

本书可作为高等学校工程造价专业"工程造价专业概论"课程的教科书，也可作为其他专业人士了解工程造价及其专业的参考书。

图书在版编目（CIP）数据

工程造价专业概论 / 张建平，董自才主编. —2版. —成都：西南交通大学出版社，2021.3（2023.5重印）
ISBN 978-7-5643-7873-8

Ⅰ. ①工… Ⅱ. ①张… ②董… Ⅲ. ①工程造价－高等学校－教材 Ⅳ. ①TU723.3

中国版本图书馆CIP数据核字（2020）第243885号

Gongcheng Zaojia Zhuanye Gailun
工程造价专业概论
（第2版）

主编 张建平 董自才

责任编辑 韩洪黎
封面设计 墨创文化

出版发行 西南交通大学出版社
（四川省成都市金牛区二环路北一段111号
西南交通大学创新大厦21楼）
邮政编码 610031
发行部电话 028-87600564 028-87600533
网址 http://www.xnjdcbs.com
印刷 成都蓉军广告印务有限责任公司

成品尺寸 185 mm×260 mm
印张 8.5
字数 206千
版次 2015年8月第1版 2021年3月第2版
印次 2023年5月第5次
书号 ISBN 978-7-5643-7873-8
定价 29.00元

课件咨询电话：028-81435775

高等教育工程造价专业“十四五”重点建设系列教材

建设委员会

前　言

PREFACE

第2版

本书自2015年8月第1版发行以来，受到了开办工程造价专业院校的普遍欢迎，许多学校都将它用作专业导论的教材，为工程造价专业学生开出专业入门的第一课。

2015年11月，住建部高等学校工程管理和工程造价学科专业指导委员会发布了《高等学校工程造价本科指导性专业规范（2015年版）》。

2018年1月，教育部高等学校教学指导委员会公布《普通高等学校本科专业类教学质量国家标准》，该标准是向全国、全世界发布的第一个高等教育教学质量国家标准，该标准涵盖了普通高校本科专业目录中全部92个本科专业类、587个专业，涉及全国高校56 000多个专业点。

2018年7月，住建部等四部委印发《造价工程师职业资格制度规定》，明确造价工程师分为一级造价工程师和二级造价工程师。

根据上述新标准、新规范、新规定，本书与时俱进做出修订。第2版补充更新了部分内容，调整了章节顺序。全书仍分为8章，第1章工程造价与造价专业、第2章工程造价咨询业发展、第3章工程造价的理论体系、第4章造价工程师岗位能力、第5章造价工程师业务体系、第6章造价工程师人才培养、第7章造价专业的课程体系、第8章造价专业的学习方法。

本书主要用作高等学校开设“工程造价专业概论”课程的教科书，建议开课学时16学时，每次课讲授其中一章。

本书由张建平、董自才任主编，容绍波、赖应良任副主编，苏玉、杨嘉玲参编。

具体编写分工是：张建平（昆明理工大学津桥学院）编写第1章，合编第6章、第8章，苏玉（昆明理工大学津桥学院）编写第2章，董自才（云南农业大学）编写第3章，容绍波（一砖一瓦科技有限公司）编写第4章、第5章，赖应良（昆明理工大学）合编第6章、第8章，杨嘉玲（昆明理工大学津桥学院）编写第7章。全书由张建平统稿完成。

由于编者水平有限，书中不足之处在所难免，敬请读者批评指正。

编　者

2020年7月

序

PREFACE

第 1 版

21 世纪，中国高等教育发生了翻天覆地的变化，从相对数量上看中国已成为全球第一高等教育大国。

自 20 世纪 90 年代中国高校开始出现工程造价专科教育起，到 1998 年在工程管理本科专业中设置工程造价专业方向，再到 2003 年工程造价专业成为独立办学的本科专业，如今工程造价专业已走过了 25 个年头。

据天津理工大学公共项目与工程造价研究所的统计，截至 2014 年 7 月，全国约 140 所本科院校、600 所专科院校开办了工程造价专业。2014 年工程造价专业招生人数为本科生 11 693 人，专科生 66 750 人。

如此庞大的学生群体，导致工程造价专业师资严重不足，工程造价专业系列教材更显匮乏。由于工程造价专业发展迅猛，出版一套既能满足工程造价专业教学需要，又能满足本专科各个院校不同需求的工程造价系列教材已迫在眉睫。

感谢西南交通大学出版社的远见卓识，愿意为推动工程造价专业的教材建设搭建平台。

我以为，这是一件大事也是一件好事。工程造价专业缺教材、缺合格师资是我们面临的急需解决的问题。组织教师编写教材，一是可以解教材匮乏之急，二是通过编写教材可以培养教师或者实现其他专业教师的转型发展。教师是一个特殊的职业——是一个需要不断学习更新自我的职业，教师也是特别能接受新知识并传授新知识的一个特殊群体，只要任务明确，有社会需要，教师自会完成自身的转型发展。因此教材建设一举两得。

我希望：系列教材的各位主参编老师与出版社齐心协力完成这一套工程造价专业系列教材编撰和出版工作，为工程造价教育事业添砖加瓦。我也希望：各位主参编老师本着对学生负责、对事业负责的精神，对教材的编写精益求精，努力将每一本教材都打造成精品，为培养工程造价专业合格人才贡献力量。

中国建设工程造价管理协会专家委员会委员　　张建平
云南省工程造价专业系列教材建设委员会主任
2015 年 6 月

前 言
PREFACE

第 1 版

刚步入高等学校大门，准备接受工程造价专业教育的每个学生都会渴望了解：

——工程造价专业是做什么的，毕业后将从事什么样的工作？

——学校将开设哪些课程，采用什么样的方式培养学生？

——工程造价专业如何学习，大学的几年将如何度过？

——面对全球信息化的浪潮，工程造价专业将如何与时俱进？

本书专为大一新生而作，系统介绍了工程造价专业及其发展，工程造价的咨询业务，工程造价人才培养以及大学学习方法等内容。

本书共分 8 章，内容包括：工程造价的研究对象，工程造价咨询及其发展，工程造价的相关理论，工程造价的人才培养，工程造价的岗位能力，工程造价的课程体系，工程造价的业务体系以及工程造价的学习方法。

本书主要作为高等学校开设“工程造价专业概论”课程的教科书，建议开课学时 16 学时，每次课讲授 1 章（2 学时）。

本书由张建平、董自才任主编，容绍波、赖应良任副主编，苏玉、胡佳倪参编。

具体编写分工是：胡佳霓（云南省住房和城乡建设厅）合编第 1 章，苏玉（昆明理工大学津桥学院）编写第 2 章、合编第 4 章，董自才（云南农业大学）编写第 3 章，赖应良（昆明理工大学）编写第 4 章和第 8 章，容绍波（昆明融众建筑工程技术咨询有限公司）编写第 5 章和第 7 章，张建平（昆明理工大学）编写第 6 章、合编第 1 章和第 8 章。全书由张建平统稿完成。

本书是西南交通大学出版社最新推出的“高等教育工程造价专业系列教材”中的第一部，由于成书时间仓促，加之编者水平有限，书中不足和疏漏之处在所难免，敬请读者批评指正。

编 者

2015 年 6 月

目　录
CONTENTS

第 1 章　工程造价与造价专业 ······ 1

1.1　工程的概念及其分类 ······ 1
1.2　工程造价与工程计价 ······ 11
1.3　工程造价专业的发展 ······ 20
思考题 ······ 21

第 2 章　工程造价咨询业发展 ······ 22

2.1　工程造价咨询发展 ······ 22
2.2　工程造价咨询服务 ······ 37
思考题 ······ 42

第 3 章　工程造价的理论体系 ······ 43

3.1　工程造价相关基础理论 ······ 43
3.2　现代工程造价管理理论 ······ 50
思考题 ······ 57

第 4 章　造价工程师岗位能力 ······ 58

4.1　造价工程师岗位核心能力 ······ 58
4.2　造价工程师职业规划 ······ 60
4.3　造价工程师岗位资格 ······ 62
思考题 ······ 64

第 5 章　造价工程师业务体系 ······ 65

5.1　项目前期业务 ······ 65

5.2 项目中期业务……67
5.3 项目后期业务……74
5.4 全过程工程咨询……78
思考题……80

第6章 造价工程师人才培养……81

6.1 造价工程师培养定位……81
6.2 造价工程师人才需求……83
6.3 造价工程师专业教育……86
思考题……94

第7章 造价专业的课程体系……95

7.1 工程造价专业的课程体系……95
7.2 工程造价专业的课程设置……96
思考题……108

第8章 造价专业的学习方法……110

8.1 理论课程学习方法……110
8.2 实践课程学习方法……119
8.3 课程设计学习方法……120
8.4 毕业设计学习方法……121
思考题……122

参考文献……123

第 1 章

工程造价与造价专业

1.1 工程的概念及其分类

1.1.1 工程相关概念及其相互关系

工程的含义涉及很多相关方面，为了更好地理解工程的含义，首先需要了解与工程相关的名词术语。

1. 科学及工程的概念

（1）科学

科学是指运用范畴、定义、定律等思维形式反映现实世界各种现象、本质、规律的知识体系，是社会的意识形态之一，是对一定条件下物质变化规律的总结。

科学一般有以下几种分类方法：

① 按研究对象的不同划分，科学可分为自然科学、社会科学和思维科学，以及总结和贯穿于三个领域的哲学和数学。自然科学是指研究自然界和包括人的生物属性在内的各门学科的总称，如数学、物理、化学、天文学等都属于自然科学的研究范围；社会科学是指用科学的方法，研究人类社会的各种现象的各学科总体或其中的任一学科，如政治学、经济学、管理学等都属于社会科学的研究范围；思维科学是指研究人的意识与大脑、精神与物质、主观与客观的综合性科学。

② 按与实践的联系划分，科学可分为理论科学、技术科学、应用科学等。理论科学是指偏重理论总结和理性概括，强调较高的理论认识而非直接实用意义的科学，如数学、天文学、生物学等。技术科学是指偏重指导生产技术的基本理论学科，如理论力学、结构力学、电子学、电工学等。应用科学是指把基础理论转向实际应用的科学，如施工技术与组织、工程招标投标、工程项目管理等。

③ 按人类对自然规律利用的直接程度划分，科学可分为自然科学和实验科学两类。

④ 按是否适用于人类目标划分，科学分为广义科学、狭义科学两类。广义科学是指将传统的实验科学的定义域外延，是虚拟的科学；狭义科学是指广义科学中适合人类生存的科学。

（2）工程

工程是指以科学技术为依托，通过科学知识的应用，并结合经验的判断、自然资源的经济利用，以最短的时间和人力做出的高效、可靠且对人类有用的东西。工程的任务是解决实际需要的问题。

在现代社会中，“工程”一词有广义和狭义之分。广义的工程是指为达到某种目的，按一定的计划和组织，在一个较长时间周期内，应用有关的科学知识和技术手段，投入各种资源为人类服务而进行的协作活动的过程。狭义的工程是指应用有关的科学知识和技术手段，通过有组织的活动将某个现有实体转化为具有预期使用价值的人造产品的过程。

2. 科学和工程的关系

科学和工程是两个不同的概念，它们之间既有紧密的联系又有明显的区别。工程是以科学与技术为依托，解决实际过程中的实际问题，工程对科学也有巨大的反作用，在技术开发和工程实践过程中所出现的新现象和提出的新问题，可以扩展科学研究的领域，工程和技术也能为科学研究提供必要的仪器设备。

科学和工程虽然有非常紧密的联系，但是它们毕竟是两个不同的概念，两者之间存在一定的差异，见表 1.1。

表 1.1　科学与工程差异比较

比较项目	科学	工程
目的	创造知识的研究活动	创造对人类有用的东西
任务	回答“是什么”“为什么”	回答“怎样让人满足实际需求”
研究内容	发现、探索未知生活	寻求为人类服务的活动
研究成果	知识形态	物质形态
侧重点	理论研究	实际经验
方法	侧重分析	侧重运用
评价标准	正确与否	适用与否

1.1.2　工程的分类

随着人类文明的发展，我们可以创造出结构和功能都更加复杂的产品，工程也逐渐发展成为一门独立的学科和技艺。按照科学技术应用领域的不同，可以将工程分为土木工程、市政工程、园林工程、交通工程、机械工程、生物工程等。

1. 土木工程

土木工程是建造各类工程设施的科学技术的统称。它既指所应用的材料、设备和所进行的勘测、设计、施工、保养维修等技术活动，也指工程建设的对象，即在地上或地下、陆上或水中，直接或间接为人类生产、生活、军事、科研服务而建造的各种工程设施，例如房屋建筑、道路、铁路、输送管道、隧道、桥梁、运河、堤坝、港口、电站、飞机场、海洋平台、给水排水以及防护工程等。图 1.1 为某大学图书馆。

图 1.1　大学图书馆

2. 市政工程

市政工程是指建造各类市政设施的科学技术的统称。市政设施是指在城市建成区、镇（乡）规划建设范围内设置的、基于政府责任和义务为居民提供有偿或无偿公共产品和服务的各种建筑物、构筑物、设备等。市政工程一般是属于国家的基础建设，是城市建设中的各种公共交通设施、给水、排水、燃气、城市防洪、环境卫生及照明等基础设施的建设。图 1.2 为某城市道路及立交桥。

图 1.2　城市道路及立交桥

3. 园林工程

园林工程是指进行园林建设的科学技术的统称。园林工程包括地形改造的土方工程、置石工程、园林绿化工程和园林驳岸工程、喷泉工程、给水排水工程、园路工程和种植工程等。园林工程应该重点注意如何运用新材料、新设备、新技术，如何在综合发挥园林的生态效益、社会效益和经济效益功能的前提下，处理园林中的工程设施与风景园林景观间的矛盾。图 1.3 为某园林景观工程。

图 1.3　园林景观工程

4. 交通工程

交通工程是指把人、车、路、环境及能源等与交通综合成为一个统一体进行研究的科学技术的统称。交通工程主要目标是寻求道路通行能力最大、交通事故最少、运行速度最快、运输费用最省、环境影响最小、能源消耗最低的交通系统规划、建设与管理方案，从而实现交通的安全、迅速、经济、方便、舒适、节能及低公害的目标。图 1.4 为某高速公路。

图 1.4　高速公路

5. 机械工程

机械工程是与机械和动力生产有关的一门学科，是指结合生产实践中的技术经验，研究和解决在开发、设计、制造、安装、运用和修理各种机械中的全部理论和实际问题的科学技术的统称。机械是现代社会进行生产和服务的五大要素之一，并参与能量和材料的生产。机械工程是为国民经济提供装备的基础工程，将随着科学技术的发展而发生变化，而且未来机械工程的发展必然向着机电一体化、减少能源消耗和环境污染以及专业化和综合化方向发展。在机械的制造过程中需要很多与机械工程相关的科学技术，这样才有越来越先进的机械设备为国民经济服务。图 1.5 为反铲挖掘机。

图 1.5　反铲挖掘机

6. 生物工程

生物工程是指以生命科学及工程学作为理论基础，借助生物体作为反应器或用生物的成分作为工具以提供产品来为社会服务的科学技术的统称。生物工程包括五大工程，即遗传工程、细胞工程、微生物工程、酶工程和生物反应器工程。

7. 信息工程

信息工程是指以数学和信息科学作为理论基础，结合计算机技术处理社会、经济、工农业生产等各方面实际问题的科学技术的统称。信息工程以研究信息系统和控制系统的应用技术为核心，培养创新和实践能力，是国民经济解决各种定量问题、制定决策和科学管理的重要工具和支柱，是各部门增加竞争力、获得经济和技术成功的关键性学科。

1.1.3　工程建设概念

工程建设是指横贯于国民经济各部门、各单位之中，为其形成新的固定资产的综合性经济活动的过程，包括了土木建筑工程、线路管道工程和设备安装工程、建筑装饰装修工程等工程项目的新建、扩建和改建、迁建以及技术改造等活动，是形成固定资产的基本生产过程及与之相关的其他工程建设工作。工程建设是固定资产再生产的重要手段，也是国民经济发展的重要物质基础。

在工程建设的概念中，需要明确以下四个概念：

1. 固定资产

固定资产主要是指企业使用期限超过一年的建筑物、机器、机械、运输工具以及其他与生产、经营有关的设备、器具、工具等。另外，不属于生产经营主要设备的物品，单位价值在 2 000 元以上，并且使用年限超过两年的，也应当作固定资产。固定资产是企业的劳动手段，也是企业赖以生产经营的主要资产。

2. 土木建筑工程

土木建筑工程主要包括了矿山、铁路、公路、隧道、桥梁、堤坝、电站、码头、机场、运动场、房屋等工程。

3. 线路管道和设备安装工程

线路管道和设备安装工程主要包括了电力、通信线路、石油、燃气、供热、给水排水等管线系统和各种机械设备、装置的安装工程。

4. 其他工程建设活动工作

其他工程建设活动工作主要包括了建设单位及其主管部门的投资决策、征地、工程勘察设计、工程监理等活动。

1.1.4 建设项目分类

建设项目分类

工程建设项目是指需要一定的投资，按照前期策划、设计、施工等一系列程序，在一定的资源约束条件下，在一定时间内完成，符合质量要求的，以形成固定资产为明确目标的一次性任务。

工程建设项目就是一个固定资产投资项目，它是一种最典型、最常见的项目类型。从不同角度可以将工程建设项目进行以下分类。

1. 按工程建设项目的性质划分

（1）新建项目

新建项目是指从无到有，新开始建设的项目。另外，如果原有基础经扩大建设规模后，新增固定资产超过了原有固定资产价值 3 倍以上的建设项目也可以称为新建项目。

（2）扩建项目

扩建项目是指原有企事业单位，为了扩大原有产品的生产能力或增加新的产品生产能力，而新建的一些主要车间或工程的建设项目。

（3）改建项目

改建项目是指原有企事业单位，为了提高生产效率，改善产品质量，或改变产品方向，而对原有固定资产进行整体性技术改造的项目。此外，增加的一些附属辅助车间或非生产性工程，也属于改建项目。

（4）迁建项目

迁建项目是指原有企事业单位，为了改变生产力布局或其他原因，经上级批准搬迁到另地建设的项目。迁建项目不包括留在原址的部分，而且在异地重建的项目，不论是维持原来规模还是扩大建设规模的都视为迁建项目。

（5）恢复项目

恢复项目是指原有企事业单位，因自然灾害、战争或人为灾害等，造成原有的固定资产全部或部分报废，按照原有规模重新建设或在重建的同时进行扩建的项目。

2. 按工程建设项目的建设过程划分

（1）筹建项目

筹建项目是指尚未开工，只做准备，正在进行选址、规划、设施等施工前各项准备工作的建设项目。

（2）在建项目

在建项目是指正在施工中的建设项目。

（3）投产项目

投产项目是指全部竣工并已投产或交付使用的建设项目。

3. 按工程建设项目的投资用途划分

（1）生产性建设项目

生产性建设项目是指用于物质生产或直接为物质生产服务的建设项目。它包括：工业建设项目、农业牧渔水利气象建设项目、地质资源勘探建设项目以及与上述项目相关的工具和设备的购置。

（2）非生产性建设项目

非生产性建设项目是指用于人们生活、公用事业和文化福利卫生的建设项目。它包括：住宅建设项目、文教卫生建设项目、行政部门业务用房建设项目、公用和生活服务事业建设项目、科学研究和综合技术服务事业建设项目等。

4. 按工程建设项目的投资规模划分

根据国家规定的标准，按工程建设项目的总投资规模可将基本建设项目划分为大型、中型、小型三类；更新改造项目划分为限额以上和限额以下两类。

5. 按工程建设项目的资金来源和投资渠道划分

按照建设项目的资金来源和投资渠道，可分为国家预算内拨款和贷款、自筹资金、中外合资、国内合资建设项目。

1.1.5 工程建设基本程序

建设程序

1. 工程建设基本程序定义

工程建设基本程序是指工程项目从策划、选择、评估、决策、设计、施工到竣工验收、投入生产和交付使用的整个建设过程中，各项工作必须遵循的先后工作次序。工程建设程序是工程建设过程客观规律的反映，是工程项目科学决策和顺利进行的重要保证，反映了建设项目的内部联系和发展过程，是不可随意改变的。

2. 工程建设基本程序的具体工作内容

一个工程建设项目的建成往往需要经过多个不同阶段，其具体的工作内容和程序可分为7个阶段。这7个阶段分别是：项目建议书阶段、可行性研究阶段、设计工作阶段、建设准备阶段、建设实施阶段、竣工验收阶段和项目后评价阶段。

（1）项目建议书阶段

项目建议书是指项目建设筹建单位或项目法人，根据国民经济的发展、国家和地方的中长期规划、产品政策、生产力布局、国内外市场、所在地的内外部条件，提出的某一具体项目的建议文件，是对拟建项目提出的框架性的总体设想。

（2）可行性研究阶段

可行性研究是对建设项目在技术上和经济上是否可行进行的科学分析和论证，是确定项目是否进行投资决策的依据，是项目建设单位决策性的文件。可行性研究不仅要对项目进行多方案反复比较，提出评价意见，寻求最佳的建设方案，而且要避免项目方案的多变造成的人力、物力、财力的巨大浪费和时间上的延误。可行性研究完成以后一般可以编制可行性研究报告。可行性研究报告被上级有关部门批准后，就作为初步设计的依据，不得随意修改和变更。如果在建设规模、建设地区、产品方案等方面有变动或突破投资控制数额时，应经过原批准机关的同意。

项目建议书阶段和可行性研究阶段可统称为立项决策阶段。

（3）设计工作阶段

一般工程建设项目要经过两阶段设计，即初步设计和施工图设计。对于技术上比较复杂而又缺乏设计经验的项目，一般采用三阶段设计，即在初步设计后又要进行技术设计和施工图设计。

初步设计是指为了阐明在指定的地点、时间和投资控制数额内，拟建项目在技术上的可能性和经济上的合理性，根据可行性研究报告的要求所做的具体实施方案。一般而言，在没有最终定稿之前的设计都统称为初步设计。初步设计不得随意改变被批准的可行性研究报告所确定的建设规模、产品方案、工程标准、建设地址和总投资等控制指标。如果初步设计提出的总概算超过可行性研究报告确定的总投资估算10%以上或其他主要指标需要变更时，需要重新批报可行性研究报告。

技术设计是指在初步设计和施工图之间的设计阶段，解决初步设计尚未完全解决的具体技术问题，如工艺流程、工程结构、设备选型及数量确定等，以使得建设项目的设计更具体、更完善，技术经济指标更好。对于一般的工程建设项目可以省略技术设计这个环节。

施工图设计是指根据初步设计和技术设计编制的，完整地表现建筑物外形、内部空间分割、结构体系、构造状况以及建筑群的组成和周边环境的配合，具有详细的构造尺寸的设计文件。在施工图设计阶段需要编制施工图预算。

（4）建设准备阶段

建设准备阶段的工作主要包括以下几个方面：

① 办理有关手续，如建设用地规划许可证、建设工程施工许可证和开工报告等。

② 施工现场准备，如征地、拆迁和场地平整，完成施工用水、电、路等工程准备。

③ 资源准备，包括投入建设项目资金落实，组织设备、材料订货，组织机构及管理人员

的确定等。

④ 开工前的技术与资料准备，包括水文地质资料、规划与红线图、总平面布置图、施工图及说明，组织图纸会审，协调解决图样和技术资料的有关问题。

⑤ 组织施工招投标，择优选定建设监理和工程施工单位。

设计工作阶段和建设准备阶段可统称为设计及准备阶段。

（5）建设实施阶段

工程建设项目一经批准开工，就进入了建设实施阶段，它是工程建设程序中建筑产品形成、项目决策实施的主要阶段。业主通过招标投标选定施工单位后，应立即办理建设许可证，签订承发包合同，施工前要做好图纸会审和设计交底，明确“四控两管一协调”（即指投资控制、质量控制、进度控制、安全控制、信息管理、合同管理以及协调各方面的关系），严格执行施工质量验收规范，做到计划、设计、施工三个环节相互衔接，投资、工程内容、施工图、设备材料和施工力量五个方面的落实，以保证建设计划的全面完成。

另外，在实施阶段还应该进行生产准备，它是衔接建设和生产的桥梁，是建设主要阶段转入生产经营的必要条件。生产准备主要包括生产组织机构、管理制度、人员、技术、原材料、工器具、备品、备件物资准备等。

（6）竣工验收阶段

工程竣工验收是由建设单位、施工单位和项目验收委员会，以项目批准的设计任务书和设计文件，以及国家颁发的施工验收规范和质量检验标准为依据，按照一定的程序和手续，在项目建成并试生产合格后，对工程项目的总体进行检查和认证的活动。通过竣工验收可以检验建设单位、设计单位和施工单位工程项目的生产能力、效益、质量、成本和收益等全面情况，它是投资成果转入生产的标志。

（7）项目后评价阶段

项目后评价阶段是指在项目已完成并运行一段时间后，对项目建设的目的、执行过程、效益、作用和影响进行系统、客观的分析和总结的一种技术经济活动，是工程建设程序的最后一个阶段。通过工程建设项目后评价，确定投资预期的目标是否达到，项目或规划是否合理有效，项目的主要效益指标是否实现，并通过及时有效的信息反馈，为未来项目的决策和投资决策管理水平的提高提出建议，同时也对被评项目实施运营中出现的问题提出改进建议，从而达到提高投资效益的目的。

竣工阶段和项目后评价阶段可统称为竣工后评价阶段。

1.1.6 工程建设法律制度

建设工程法律体系

1. 与工程造价相关的政策法规

工程造价管理必须与国家的政策法规保持一致，但又具有其自身的独立性，覆盖建设活动的各个行业、领域以及工程建设的全过程。工程造价管理的相关政策法规分为以下四个层次：

（1）建筑法

建筑法是指调整工程建设的进度管理、投资管理、质量管理和安全管理过程中发生的社会关系的法律规范的总称。其立法的目的在于加强建设活动的监督管理，维护建筑市场秩序，保证建筑工程的质量和安全，促进建筑业健康发展。

（2）合同法

合同法是指调整平等主体的自然人、法人、其他组织之间的合同关系，即民事权利义务关系的法律规范的总称。合同法中对于建设工程合同有详细规定，其立法目的在于规范建设合同双方的权利和义务，规范建筑市场。

（3）投标招标法

投标招标法是指调整在招标投标过程中产生的各种关系的法律规范的总称。它对招标、投标、开标、评标和中标整个过程都做出了相应的规定，其立法目的在于规范招标投标活动，使招标投标双方的行为更加规范化。

（4）价格法

价格法是指调整我国价格关系、规范价格行为、发挥价格合理配置资源作用的法律制度。其立法目的在于规范价格行为，发挥价格合理配置资源的作用，稳定市场价格总水平，保护消费者和经营者的合法权益，促进社会主义市场经济健康发展。

2. 我国工程建设管理制度

我国在工程建设管理方面实行“三方管理”制度，即在政府有关部门的监督管理之下，由建设项目业主、承包商、监理单位直接参加的管理制度。

政府有关部门是指建设主管部门、规划管理部门、质量监督部门、劳动部门、消防部门、环保部门和卫生管理部门等；建设项目业主是指建设单位，即项目投资方；承包商不仅仅指施工单位，还包括勘察设计单位、施工安装单位、材料供应单位等；监理单位是指具有法人资格，并持有相应资质证书，由建设项目业主委托，从事工程监理业务的经济组织。在“三方管理”结构中，“三方”都需要对工程建设项目进行管理，实现“四控制两管理一协调”。

为了使工程建设活动更符合法律规定、社会利益和建设投资方的利益要求，我国的工程建设必须遵循以下六项管理制度：

（1）建设工程承包制

建设工程承包制是指建设项目业主与承包商签订合同，确定双方的权利和义务，由建筑企业承包工程建设项目的一种工程建设管理制度。这里所指的承包商也不仅仅是施工单位，仍然包括勘察设计单位等。建设工程承包制一定要明确承包的内容、指标以及承包方式。在承包过程中，为了更好地协作，可分为总包制与分包制。

（2）项目法人责任制

项目法人责任制是指由工程建设项目的项目法人对项目的策划、资金筹措、建设实施、生产经营、债务偿还和资产的保值增值实行全过程负责并同时享有相应权利的一种工程建设管理制度。这里的项目法人是指项目建设的责任主体，而不是指出资人，项目法人必须具有民事权利能力和民事行为能力，并独立享有民事权利和承担民事义务。

（3）招标投标承包制

招标投标承包制是指建设项目业主和承包商以平等的法人地位，以各自的利益为基础，由业主发布招标邀请，承包商进行投标，按招标文件提出的或双方商定的工程造价、工期、质量、报酬及责任签订承包合同，双方按合同享有权利和承担义务的一种有竞争的全面包干责任制。招标投标承包制是依据市场价值规律出现的，是建筑市场运行的基本要求。它的目的是协调发包人和承包人双方的工程管理，实现工程建设项目的投资、质量、进度和安全四大目标的有效控制。

（4）工程合同管理制

工程合同管理制是指在市场交易下的发包人和承包人根据有关规定，为了完成特定工程项目而签订的明确双方权利和义务关系的协议。近年来，合同管理已经成为工程建设项目管理的一个重要的分支领域和研究的热点，在合同管理中要高度重视合同文本、合同条件，要严格、全面地履行合同条款的规定，明确自身的权利和义务，注意不要违反履行合同的责任。

（5）工程建设监理制

工程建设监理制是指具有法人资格的监理单位受建设单位委托，依据有关的工程建设的法律、法规、项目批准文件、监理合同及其他工程建设合同，对工程建设实施的投资、工程质量和建设工期进行控制和监督管理的一种工程建设管理制度。建设工程监理制旨在替代政府的微观工程管理职能以及为业主服务，促进各方密切合作，更有利于工程建设目标的实现。

（6）工程质量责任制

工程质量责任制是指勘察、设计、监理、试验检测等单位以项目建立责任制，明确质量责任人，报上级主管部门和质量监督机构存档，以备监督、考核及追究质量责任的一种工程建设管理制度。工程质量责任制的目的在于规范各参建单位各谋其职、各尽其责，明确自己的权利和义务，更加顺利地完成工程项目建设，达到建设的预期目标。

1.2 工程造价与工程计价

1.2.1 工程造价概述

1. 工程造价的含义

工程造价的直接意义就是工程的建造价格。工程造价有如下两种含义。

（1）工程投资费用

从投资者的角度来定义，投资者选定一个投资项目，为了获得预期的效益，就要通过项目评估进行决策，然后进行设计招标、工程招标，直至竣工验收等一系列投资管理活动。在投资活动中所支付的全部费用形成了固定资产，所有这些开支就构成了广义的工程造价。

（2）工程建造价格

从承包商，或供应商，或规划、设计等机构的角度来定义，为建成一项工程，预计或实际在土地市场、设备市场、技术劳务市场，以及发承包市场等交易活动中所形成的建筑安装工程的价格和建设工程总价格，就是狭义的工程造价。

工程造价的两种含义是对客观存在的概括。它们既共生于一个统一体，又相互区别。最主要的区别在于需求主体和供给主体在市场追求的经济利益不同，因而管理性质和管理目标不同。因此，降低工程造价是投资者始终如一的追求，而作为工程价格，承包商所关注的是利润特别是高额利润，为此，他追求的是较高的工程造价。不同的管理目标，反映他们不同的经济利益，但他们都要受那些支配价格运动的经济规律的影响和调节。他们之间的矛盾是市场的竞争机制和利益风险机制的必然反映。工程造价的两种含义实际上是从不同角度把握同一事物的本质。

2. 工程造价形成过程

在生产规模小、技术水平低的生产条件下，生产者在长期劳动中积累了大量生产所需的知识和技能，也获得了关于生产产品所需投入的劳动时间和材料的经验，即工料测算方面的方法和经验。随着工程数量和工程规模的扩大，要求有专人对已完工程量进行测量、计算工料和进行估价。从事这些工作的人员逐步专门化，并被称为工料测量师，他们与工程委托人和建筑师洽商，估算和确定工程价款。工程估价便由此产生。

19 世纪 30 年代，计算工程量、提供工程量清单已发展成为受雇于业主的估价师的职责，所有的投标都以业主提供的工程量清单为基础，从而使得最后的投标结果有可比性。从此，工程估价逐渐形成了独立的专业。总之，从工程估价发展历程中可以看出，工程估价是随着工程建设的发展和市场经济的发展而产生并日臻完善的。

建设项目价格的形成过程，是建立在正确划分分项工程的基础上，用基价乘以工程量得出分项工程费用，将某一分部工程的所有分项工程费用相加求出该分部工程的费用。同理，将属于本单位工程的所有分部工程费用相加，再加上措施项目费、规费、税金，可算出该单位工程的造价或承发包价格，再加上工程建设其他费用可依次计算出单项工程、建设项目的概预算价格，如图 1.6 所示。

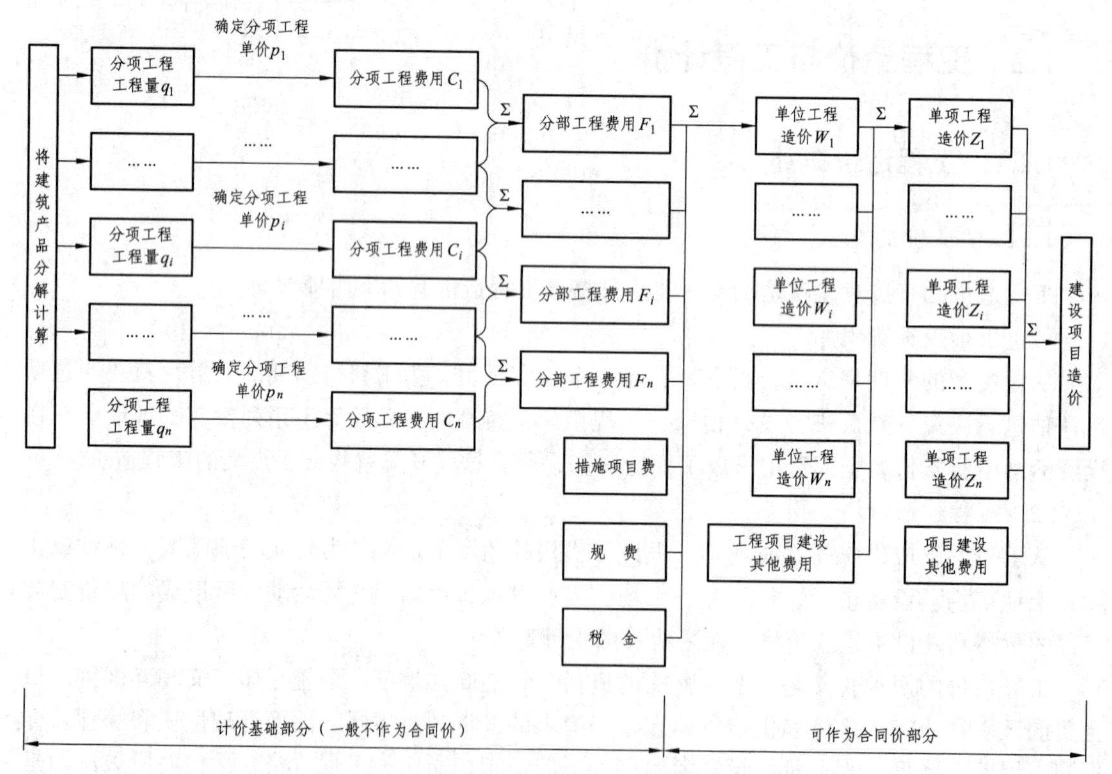

图 1.6　工程建设项目的分解及价格形成过程

3. 工程造价的特点

由工程建设产品和施工的特点决定了工程造价具有以下特点。

（1）工程造价的个别性、差异性

任何一项工程都有特定的用途、功能和规模，而且位置固定。因此对每一项工程都有具体的要求，所以建设工程内容和实物形态都具有个别性、差异性。产品的差异性决定了工程造价的个别性。工程所处地区、地段不相同，造价也会有所差别。

（2）工程造价的大额性

在工程建设中，能够发挥投资效益的任何一个建设项目，相对于其他生产活动，不仅实物形体庞大，而且造价昂贵，所以工程建设关系到有关各方面的重大经济利益，同时也会对宏观经济产生重大影响。这就决定了工程造价的特殊地位，也说明了造价管理的重要意义。

（3）工程造价的动态性

任何一项工程建设，从决策到竣工投产或交付使用，建设周期较长，资金的时间价值突出。由于不可预计因素的影响，在计划工期内，存在许多影响工程造价的因素，如工程变更，设备、材料价格的涨跌，工资标准以及费率、利率、汇率等的变化。因此，工程造价具有动态性。

（4）工程造价的阶段性

由于工程建设是分阶段进行的，特别是国家规定了工程建设基本程序，相对于工程建设的分阶段，工程造价的阶段性十分明确，在不同建设阶段，工程造价名称、内容、作用不同，这是长期大量工程实践的总结，也是工程造价管理所规定的。

（5）工程造价的广泛性和复杂性

由于建设项目构成和建设过程复杂、涉及的因素多，造成了工程造价的广泛性和复杂性。具体表现在构成工程造价的成本因素复杂，涉及人工、材料、施工机械的类型较多，协同配合的广泛性几乎涉及社会的各个方面。工程造价的复杂性，还表现在构成建筑安装工程费的层次、内容复杂。

4. 工程造价的职能

工程造价的职能既是价格职能的反映，也是价格职能在这一领域的特殊表现。工程造价的职能除一般商品价格职能外，还有自己特殊的职能。

（1）预测职能

由于工程造价的大额性和多变性，无论是投资者还是承包商都要对拟建工程进行预先测算。投资者预先测算工程造价不仅可以作为项目决策的依据，同时也是筹集资金、控制造价的依据。承包商对工程造价的测算，既为投标决策提供依据，也为投标报价和成本管理提供依据。

（2）控制职能

工程造价的控制职能表现在两方面：一方面是它对投资的控制，即在投资的各个阶段，根据对造价的多次预估，可以对造价进行全过程、多层次的控制；另一方面，是对以承包商为代表的商品和劳务供应企业的成本控制。成本高于价格，就会危及企业的生存。所以，企业要以工程造价来控制成本，利用工程造价提供的信息资料作为控制成本的依据。

（3）评价职能

工程造价是评价总投资和分项投资合理性和投资效益的主要依据之一。评价土地价格、建筑安装产品的设备价格的合理性时，就必须利用工程造价。工程造价也是评价建筑安装企业管理水平和经营成果的重要依据。

（4）调节职能

工程建设直接关系到经济增长，关系到国家重要资源的分配和资金流向，也对国计民生产生重大影响。所以国家对建设规模、结构进行宏观调节是在任何条件下都不可缺少的，对政府投资项目直接调控和管理也是非常必要的。这些都要通过工程造价来对工程建设中的物质消耗水平、建设规模、投资方向进行调节。

工程造价职能得以实现的最主要的条件是市场竞争机制的形成。在现代市场经济中，要求市场主体要有自身独立的经济利益，并能根据市场信息（特别是价格信息）和利益取向来决定其经济行为。无论是购买者还是出售者，在市场上都处于平等竞争的地位，他们都不可能单独地影响市场价格，更没有能力单方面决定价格。作为买方的投资者和作为卖方的工程施工企业，以及其他商品和劳务的提供者，是在市场竞争中根据价格变动，根据自己对市场走向的判断来调节自己的经济活动。也只有在这种条件下，价格才能实现它的基本职能和其他各项职能。因此，建立和完善市场机制，创造平等竞争的环境是十分迫切而重要的任务。具体来说，投资者和工程施工企业等商品和劳务的提供者首先要使自己真正成为具有独立经济利益的市场主体，能够了解并适应市场信息的变化，能够做出正确的判断和决策；其次，要给工程施工企业创造出平等竞争的条件，使不同类型、不同所有制、不同规模、不同地区的企业，在同一项工程的投标竞争中处于同样平等的地位。为此，就要规范工程建设市场和规范市场主体的经济行为；再次，要建立完善的、灵敏的价格信息系统。

5. 工程造价的作用

（1）工程造价是合理分配利益和调节产业结构的手段

工程造价的高低，涉及国民经济各部门和企业间的利益分配的多少。在计划经济体制下，政府为了用有限的财政资金建成更多的工程项目，总是趋向于压低建设工程造价，使建设中的劳动消耗得不到完全补偿，价值不能得到完全实现。而未被实现的部分价值则被重新分配到各个投资部门，为项目投资者所占有。这种利益的再分配有利于各产业部门按照政府的投资导向加速发展，也有利于按宏观经济的要求调整产业结构。但也会严重损害工程施工企业的利益，从而使工程建设行业的发展长期处于落后状态，与整个国民经济的发展不相适应。在市场经济中，工程造价无例外地受供求状况的影响，并在围绕价值的波动中实现对建设规模、产业结构和利益分配的调节。加上政府正确的宏观调控和价格政策导向，工程造价在这方面的作用会充分发挥出来。

（2）工程造价是项目决策的依据

建设工程投资大、生产和使用周期长等特点决定了项目决策的重要性。工程造价决定着项目的一次投资费用。投资者是否有足够的财务能力支付这笔费用，是否认为值得支付这项费用，是项目决策中要考虑的主要问题。财务能力是一个独立的投资主体必须首先解决的问题。如果建设工程的价格超过投资者的支付能力，就会迫使他放弃拟建的项目；如果项目投资的效果达不到预期目标，他也会自动放弃拟建的工程。因此，在项目决策阶段，建设工程造价就成为项目财务分析和经济评价的重要依据。

（3）工程造价是筹集建设资金的依据

投资体制的改革和市场经济的建立，要求项目的投资者必须有很强的筹资能力，以保证工程建设有充足的资金供应。工程造价基本决定了建设资金的需求量，从而为筹集资金提供了比较准确的依据。当建设资金来源于金融机构的贷款时，金融机构在对项目的偿贷能力进行评估的基础上，也需要依据工程造价来确定给予投资者的贷款数额。

（4）工程造价是制订投资计划和控制投资的依据

工程造价在控制投资方面的作用非常明显。工程造价是通过多次预估，最终通过竣工决算确定下来的，每一次预估的过程就是对造价的控制过程，且每一次估算都不能超过前一次估算的一定幅度，即限额控制。这种控制可以使投资者在其财务能力的限度内取得既定的投资效益。建设工程造价对投资的控制也表现在利用制定的各类定额、标准和参数，对建设工程造价的计算依据进行控制。在市场经济利益风险机制的作用下，造价对投资的控制作用成为投资的内部约束机制。

（5）工程造价是评价投资效果的重要指标

工程造价是一个包含着多层次工程造价的体系，就一个工程项目来说，它既是建设项目的总造价，又包含单项工程的造价和单位工程的造价，同时也包含单位生产能力的造价，或每 1 m^2 建筑面积的造价等。所有这些，使工程造价自身形成了一个指标体系。它能够为评价投资效果提供多种评价指标，并能够形成新的价格信息，为今后类似项目的投资提供参考。

1.2.2 工程造价构成

工程造价构成概述

工程造价包含工程项目按照确定的建设内容、建设规模、建设标准、功能和使用要求等全部建成并验收合格交付使用所需的全部费用。

我国现行工程造价构成主要内容为建设项目总投资（包含固定资产投资和流动资产投资两部分），建设项目总投资中的固定资产投资与建设项目的工程造价在量上相等。也就是说，工程造价由建筑安装工程费用，设备及工、器具购置费用，工程建设其他费用，预备费，建设期贷款利息，固定资产投资方向调节税等费用构成，具体构成内容如图 1.7 所示。

1.2.3 工程计价概述

工程计价的含义

工程计价是指工程造价的确定过程，也就是工程造价的计算。

工程造价的确定主要是计算或确定工程建设各个阶段工程造价的费用，即工程造价目标值的确定。一般而言，工程计价是指工程项目开始施工之前，对工程造价的预先计算和确定。工程计价包括业主方的工程计价（具体表现形式为投资估算、设计概算、施工图预算、招标控制价或工程合同价等），也包括承包商的工程计价（具体表现形式为工程投标报价、工程合同价等）。工程计价的形式和方式有多种，各不相同，但基本原理是相同的。

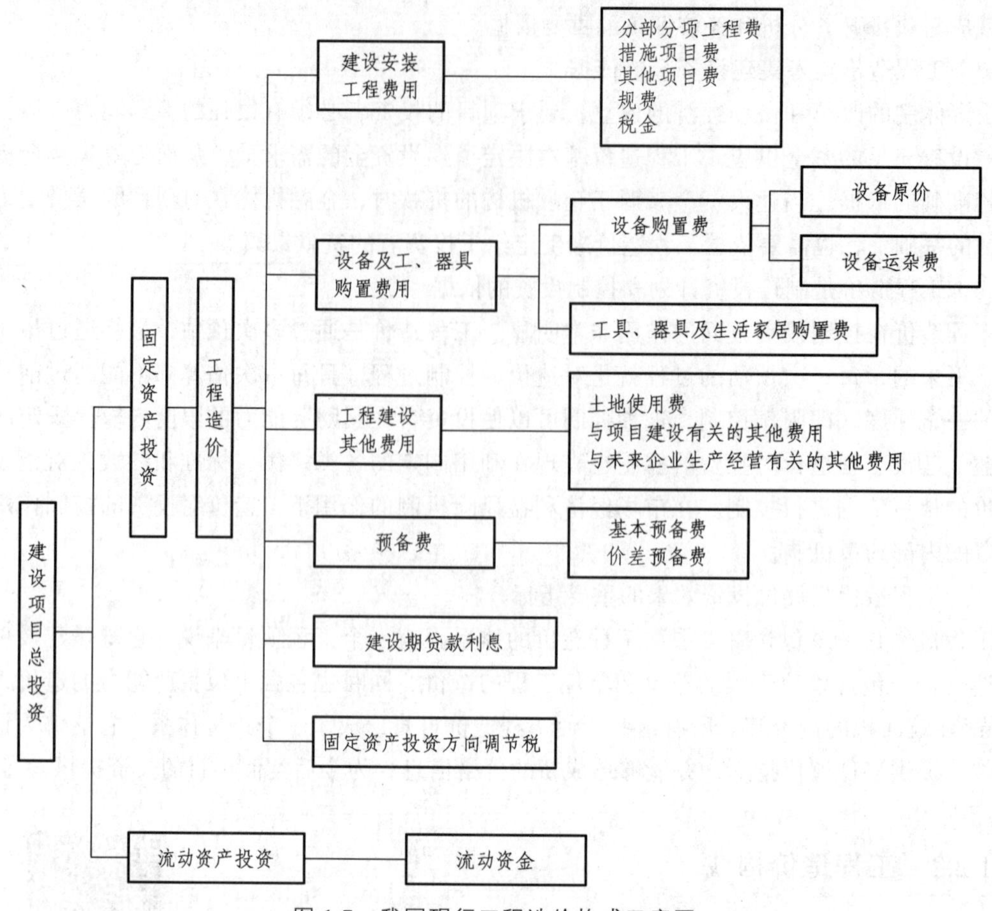

图 1.7　我国现行工程造价构成示意图

1. 工程计价的分类

工程计价可根据不同的建设阶段、编制对象（或范围）、承发包结算方式、单位工程专业等进行分类。

（1）根据工程建设阶段分类

在基本建设程序的每个阶段都有相应的工程计价过程，如图 1.8 所示。

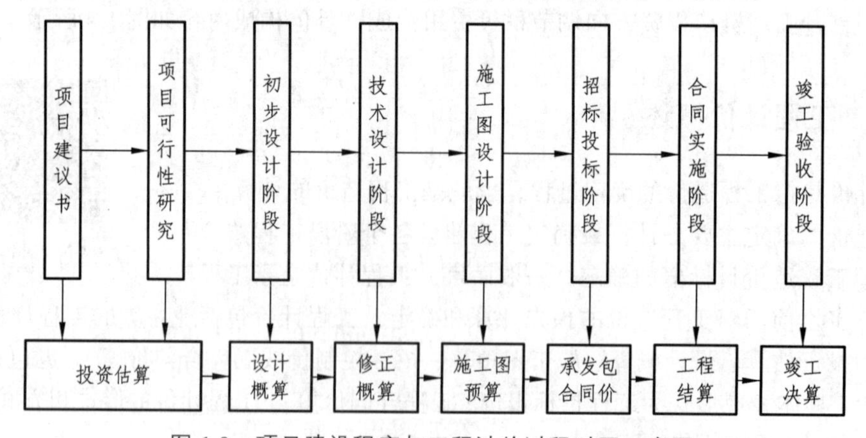

图 1.8　项目建设程序与工程计价过程对照示意图

① 投资估算。投资估算是指建设项目在项目建议书和可行性研究阶段，根据建设规模，结合估算指标、类似工程造价资料、现行的设备材料价格，对拟建设项目未来发生的全部费用进行预测和估算。投资估算是判断项目可行性、进行项目决策的主要依据之一，又是建设项目筹资和控制造价的主要依据。

② 设计概算。设计概算是指设计单位在初步设计阶段或扩大初步设计阶段编制的计价文件，是在投资估算的控制下由设计单位根据初步设计图纸及说明，概算定额或概算指标，各项费用定额或取费标准，设备、材料预算价格和建设地点的自然、技术经济条件等资料，用科学的方法计算、编制和确定的建设项目从筹建至竣工交付使用所需全部费用的文件。采用两阶段设计的建设项目，初步设计阶段必须编制设计概算。

③ 修正概算。修正概算是当采用三阶段设计时，在技术设计阶段，随着对初步设计内容的深化，对建设规模、结构性质、设备类型等方面可能进行必要的修改和变动，由设计单位对初步设计总概算做出相应的调整和变动，即形成修正设计概算。一般修正设计概算不能超过原已批准的概算投资额。

④ 施工图预算。施工图预算是在设计工作完成并经过图纸会审之后，根据施工图，图纸会审记录，施工方案，预算定额，费用定额，各项取费标准，建设地区设备、人工、材料、施工机械台班等预算价格编制和确定的单位工程全部建设费用的建筑安装工程造价文件。

⑤ 承发包合同价。建设项目在招标投标阶段，建筑工程的价格是通过标价来确定的。标价常分为招标控制价、投标报价、合同价等。合同价是在工程招标投标阶段通过签订总承包合同、设备材料采购合同以及技术和咨询服务合同确定的价格。合同价属于市场价格的性质，它是由承发包双方，即商品和劳务买卖双方根据市场行情共同议定和认可的成交价格，但它并不等同于最终决算的实际工程造价。按计价方法不同，建设工程合同有许多类型，不同类型合同的合同价的内涵也有所不同。

⑥ 工程结算。工程结算是指在合同实施阶段，建筑安装工程的单项工程或单位工程完工并办理验收后，由施工单位编制的反映竣工（或已完）工程全部造价的经济文件。它是在工程结算时按合同调价范围和调价方法，对实际发生的工程量增减、设备和材料价格等进行调整后计算和确定的价格。已完工程结算价是建设项目竣工决算的基础资料之一。

⑦ 竣工决算。建设项目的竣工决算是在项目建设竣工验收阶段，当所建设项目全部完工并经过验收后，由建设单位编制的从项目筹建到竣工验收、交付使用全过程中实际支付的全部建设费用的经济文件。它是反映建设项目实际造价和投资效果的文件。

上述不同的计价过程之间存在着差异，见表 1.2。

表 1.2　不同计价过程的对比

类别	编制阶段	编制单位	编制依据	用途
投资估算	项目建议书、可行性研究	建设单位、工程咨询机构	投资估算指标	投资决策
设计概算、修正概算	初步设计、扩大初步设计	设计单位	概算指标	控制投资及造价
施工图预算	施工图设计	施工单位或设计单位、工程咨询机构	预算定额或消耗量定额	编制招标控制价、投标报价等

续表

类别	编制阶段	编制单位	编制依据	用途
发承包合同价	招标投标	承发包双方	概（预）算定额、工程量清单计价规范	确定工程投标建造价格
工程结算	施工	施工单位	预算定额、工程量清单、设计及施工变更资料	确定工程实际建造价格
竣工决算	竣工验收	建设单位	预算定额、工程量清单、工程建设其他费用定额、竣工决算资料	确定工程项目实际投资

（2）根据编制对象分类

① 单位工程概预算。单位工程概预算是以单位工程为编制对象编制的工程建设费用的技术经济文件，是编制单项工程综合概预算的依据，是单项工程综合概预算的组成成分。按工程性质不同，单位工程概预算分为建筑工程概预算、设备及安装工程概预算。

② 单项工程综合概预算。单项工程综合概预算是以单项工程为对象的确定其所需建设费用的综合性经济文件。它是由单项工程内各单位工程概预算汇总而成的。

③ 建设项目总概预算。建设项目总概预算是以建设项目为对象编制的反映建设项目从筹建到竣工验收交付使用全过程建设费用的文件，它是由组成该建设项目的各个单项工程综合概预算以及工程建设其他费用、预备费和投资方向调节税等汇总而成的。

（3）根据单位工程的专业分类

① 建筑工程概预算，含土建工程及装饰工程。

② 装饰工程概预算，专指二次装饰装修工程。

③ 安装工程概预算，含建筑电气照明、给排水、暖气空调等设备安装工程。

④ 市政工程概预算。

⑤ 仿古及园林建筑工程概预算。

⑥ 修缮工程概预算。

⑦ 煤气管网工程概预算。

⑧ 抗震加固工程概预算。

2. 工程计价的特点

影响工程造价指标形成的另一个原因是工程造价计价的特点。

由于建设产品本身的固有特征，使得建设工程造价的计价过程，除具有一般商品计价的共同特点外，还具有不同于一般商品计价的特点。

（1）单件性计价

建设工程的实物形态千差万别，尽管采用相同或相似的设计图纸，在不同地区、不同时间建造的产品，其构成投资费用的各种价值要素存在差别，最终导致工程造价千差万别。建设工程的计价不能像一般工业产品那样按品种、规格、质量等成批定价，只能是单件计价，即按照各个建设项目或其局部工程，通过一定程序，执行计价依据和规定，计算其工程造价。

（2）组合性计价

建设工程的计价，特别是施工设计图纸出来以后，按照现行规定，一般是按工程的构成，从局部到整体地先计算出工程量，再按计价依据分部组合计价。建设项目是一个工程综合体，这个综合体可以分解为许多有内在联系的独立和不能独立的工程。通常，工程造价管理过程中，一般将工程项目分为五个层次，即建设项目、单项工程、单位工程、分部工程和分项工程。

（3）多次性计价

建设工程生产过程是一个周期长、资源消耗大的生产消费过程。从建设项目可行性研究开始，到竣工验收交付生产或使用，工程建设是分阶段进行的。在建设的不同阶段，工程计价有着不同的名称，包含着不同的内容，也就是说，对于同一项工程，为了适应工程建设过程中各方经济关系的建立，适应项目的决策、控制和管理的要求，需要对其进行多次性计价。

（4）多样性计价

由于建设项目在不同阶段所具有的工程资料完备性不相同，在不同建设阶段确定工程造价只能根据所处阶段的工程资料进行。因此，处于不同阶段的建设项目，就需要采用不同的计价方法。在项目决策阶段，采用指标估算法；初步设计阶段，采用概算指标或概算定额进行概算；施工图预算阶段，我国目前主要采用定额计价模式或工程量清单计价模式进行施工图预算。

不管采用哪种估算或计算工程造价的方法，均是以研究对象的特征、生产能力、工程数量、技术含量、工作内容等为前提的。计算的准确程度，均取决于工程量和单价或基价是否正确、适用和可靠。

1.2.4　工程计价方式

1. 定额的产生与计价

我国定额的产生由来已久。在古代已经很重视材料的计算，并已形成了许多则例，这些则例可看作是材料、人工定额的原始形态。但是，严格意义上的工程定额直到新中国成立以后，才逐渐建立并日趋完善。1995 年，建设部颁发《全国建筑安装工程统一劳动定额》、《全国统一建筑工程基础定额》（土建部分）和《全国统一建筑工程预算工程量计算规则》，我国定额制定工作开始走上科学化、制度化、规范化的发展轨道。2002 年，建设部组织编制和颁发《全国统一建筑装饰工程消耗量定额》，为实行量价分离、工程实体消耗和施工措施消耗定额提供依据。2003 年，建设部发布《建设工程工程量清单计价规范》，实现工程计价模式从定额计价向清单计价的转变。2008 年，住房和城乡建设部发布《建设工程工程量清单计价规范》（GB 50500—2008），进一步规范了工程量清单计价。2013 年，住房和城乡建设部发布《建设工程工程量清单计价规范》（GB 50500—2013），进一步完善和统一了建设工程计价文件的编制原则和计价方法。

2. 计划经济条件下的定额计价制度

新中国成立初期，我国引进和沿用了苏联建设工程的定额计价方式，该方式属于计划经济的产物。20 世纪 70 年代末起，我国开始加强工程造价的定额管理工作，要求严格按主管部门颁发的概预算定额和工料机指导价确定工程造价，这一要求具有典型的计划经济的特征。

定额计价以当时的定额核算消耗量，并以单位估价表计算直接工程费，以费用标准确定间接费及利润税金等，最终形成投资项目的工程总造价。

定额计价制度从产生到完善的数十年中，对我国的工程造价管理发挥了巨大的作用，为政府进行工程项目的投资控制提供了很好的工具。但是随着国内市场经济体制改革深度和广度的不断增加，传统的定额计价制度受到了冲击。自20世纪80年代末90年代初开始，建设要素向市场放开，各种建筑材料不再统购统销，随之人力、机械市场等也逐步放开，导致了人工、材料和机械台班的要素价格随市场供求的变化而上下浮动。而定额的编制和颁发需要一定的周期，因此在定额中所提供的要素价格资料总是与市场的实际价格不相符合。

3. 市场经济条件下的清单计价模式

随着我国改革开放的不断深入，在建立社会主义市场经济体制的要求下，定额计价方式产生了一些变革，如定期调整人工费、变计划利润为竞争利润等，随着社会主义市场经济的进一步发展，又提出了“量价分离”的方法确定和控制工程造价。但上述做法，只是一些小改动，没有从根本上改变计划价格的性质，基本上还是属于定额计价的范畴。

2003年7月1日，国家颁发了2003版《建设工程工程量清单计价规范》，在建设工程招标投标中实施工程量清单计价。之后，工程造价的确定逐步体现了市场经济规律的要求和特征。2008年，国家有关部委对2003清单规范进行了修订，发布了2008版《建设工程工程量清单计价规范》，2013年又发布了2013版《建设工程工程量清单计价规范》及各专业《工程量计算规范》，进一步完善了工程量清单计价方式。

但我国也是世界上为数不多的仍在实行统一定额的国家之一。英、美发达国家都没有统一的计价依据，只有统一的工程量计算规则。在这些国家，招投标大都实行工程量清单报价和低价中标原则，各个承包商都有一套自己的算价方法。

在定额计价制度下，企业间的竞争不是实力的竞争，而是计算能力的竞争。为此，政府主管部门推行了工程量清单计价制度。在工程量清单计价制度下，由招标者给出工程量清单，由投标者填报单价，单价完全依据企业技术、管理水平的整体实力而定，此时施工企业只有编制自己的企业定额，才能适应工程量清单报价制度，适应建筑市场的发展，体现工程建设市场主体的主动性和能动性。

目前我国虽然已经制定并推广了工程量清单计价制度，但是由于各地实际情况的差异，我国的工程造价计价方式不可避免地出现了双轨并行的局面。也就是在保留了传统定额计价方式的基础上，又参照国际惯例引入了市场自主定价的工程量清单计价方式。随着我国工程造价管理体制改革的不断深入和对国际管理的深入了解，市场自主定价模式将会逐渐占据主导地位。

1.3 工程造价专业的发展

工程造价改革方案

1.3.1 工程造价专业的产生

中国内地最早在1990年前后就有了工程造价的专科专业，起名为“工程造价与管理”，比如当时的云南工学院（现在已并入昆明理工大学）、南方冶金学院（现在更名为江西理工大学）就开办了工程造价与管理专业。

1998 年，工程造价专业被教育部在《高等学校本科专业目录》中并入工程管理专业，成为其中的一个专业方向。

2003 年，天津理工大学成功申办独立的工程造价本科，之后国内数十所院校都将工程造价从工程管理专业中分离出来独立办学。

2013 年以后，教育部在新的《高等学校本科专业目录》中单列了工程造价专业（专业代码 120105），大类属于“管理学”（代码为 12），小类属于“管理科学与工程”（代码为 1201），规定既可授予管理学学士，也可授予工学学士。

1.3.2 工程造价专业的发展

据天津理工大学公共项目与工程造价研究所截至 2014 年底的统计，全国有 135 所本科院校、600 所专科院校开办了工程造价专业。2014 年工程造价专业招生人数为本科生 11 693 人，专科生 66 750 人。2014 年，工程造价专业本科在校生人数约 4.75 万人。

工程造价专业是教育部根据国民经济和社会发展的需要而新增设的热门专业之一，是以经济学、管理学、土木工程为理论基础，从建筑工程管理专业上发展起来的新兴学科。当前，几乎所有工程从开工到竣工都要求全程预算，包括开工预算、工程进度拨款、工程竣工结算等，不管是业主还是施工单位，或者第三方造价咨询机构，都必须具备自己的核心预算人员。因此，工程造价专业人才的需求量非常大，发展前景广阔。

思考题

1. 工程对人们的现实生活有何意义？
2. 学完本章后你对工程有什么新的认识？
3. 工程造价与工程计价的概念有哪些不同？
4. 工程造价专业应当研究什么？

第 2 章

工程造价咨询业发展

2.1 工程造价咨询发展

2.1.1 土木工程与工程造价咨询

工程造价咨询的产生是随着土木工程的发展而出现的。因此，我们需要先了解土木工程的发展，它经历了古代、近代和现代三个阶段。

1. 古代的土木工程与工程造价咨询

古代土木工程的历史跨度很长，大致从旧石器时代（约公元前 5 000 年起）到 17 世纪中叶。这一时期的工程建设说不上有什么理论指导，修建各种设施主要靠经验，所用材料主要取之于自然，所用工具也很简单。尽管如此，古代还是留下了许多有价值的建筑，有些工程即使从现代角度来看也是非常伟大的。这使得历代工匠积累了丰富的建筑方面的技术和经验，经过总结，逐步形成了工程管理与造价管理的理论和方法，这是造价咨询的雏形。

与此同时，从 16 世纪开始，在资本主义发展最早的英国，当时的建筑工匠开始需要有人帮助他们去确定或估算一项工程所需的人工和材料，以及测量和确定已经完成的项目工作量，以便据此从业主或承包商处获得应得的报酬，正是这种需求，使得工料测量师（Quantity Surveyor，简称 QS）这一从事工程项目造价确定和控制的专门职业在英国出现了。

2. 近代的土木工程与工程造价咨询

一般认为，近代土木工程的时间跨度为 17 世纪中叶到第二次世界大战前后，历时 300 余年。在这一时期内，产业革命促进了工业、交通运输业的发展，不断涌现新的施工机械和新的施工方法。1825 年，英国修建了世界上第一条铁路，长 21 km。1863 年，又在伦敦建成了世界上第一条地下铁道。

此后，英国在工程建设中开始推行招投标制度。这样，正式的造价职业和专门的工程造价管理学科就在英国诞生了。英国在 1868 年经皇家批准后成立了“皇家特许测量师协会（Royal Institute of Charted Surveyors，简称 RICS）”，标志着现代工程造价管理专业的正式诞生。

第二次世界大战之后，许多国家经济起飞，现代科学技术迅速发展，世界正经历着自工业革命以来的又一次重大变革。从20世纪的30年代到40年代，许多经济学的原理开始被应用到了工程造价管理领域。国外工程造价管理开始向重视投资效益的评估、重视工程项目的经济和财务分析等方向发展，创建了“工程经济学”（Engineering Economics，简称EE）”等与工程造价管理相关的基础理论和方法。虽然博弈论的出现晚于招投标制度，但招投标制度的完善创新多少受到了博弈论影响。一般的工程造价确定和简单的工程造价控制属于造价咨询的初级阶段，缺少技术含量，造价咨询业应向高端业务拓展。

3. 现代的土木工程与工程造价咨询

从20世纪70年代到80年代，各国的造价工程师协会先后开始了自己的造价工程师执业资格的认证工作。1976年成立了国际造价工程师联合会（ICEC）。20世纪80年代末和90年代初提出了“全生命周期造价管理”。稍后一段时间，以美国工程造价管理学界为主，推出了“全面造价管理（TCM）”这一涉及工程项目战略资产管理、工程项目造价管理的概念和理论。

全过程造价控制是从项目的立项到项目的竣工整个过程进行造价咨询活动，包括招投标、设计方案比选和优化、施工过程控制和竣工结算审核等工作。全生命周期造价管理是造价管理活动的纵向延伸，向前延伸至向项目策划、项目可行性研究，向后延伸至运维阶段的管理，是在工程的诞生到结束的整个生命周期展开造价管理和咨询。全面造价管理是造价管理活动的横向延伸，把造价咨询的范围向外延扩散，从单纯的建筑产品的造价管理扩展到设备、家具、运维等方面的招标采购等造价咨询活动。

2.1.2 英国工程造价咨询的发展

一个国家和地区工程造价管理体系应包括基本的组织结构、管理方法、法律法规等要素。在工程投资建设中，由于投资主体看待建筑经济活动的方法和角度不同，在各个国家中工程造价管理体系也各不相同。目前在世界上存在着英国、美国、日本等几大主流体系，采用这些不同计价体系的各个国家或地区在工程造价管理上有一个共同的特点就是以市场为导向，在全球经济一体化的冲击下，中国需接受以市场为价值取向的国际惯例和工程管理经验。

1. 概　述

根据英国标准工业分类法（Standard Industrial Classification，简称SIC），英国的建筑工业可以分为以下几种类型。

（1）一般建筑及拆除工程。

（2）建筑物的建设和修理。

（3）土木工程，包括道路、停车场、铁路、飞机跑道、桥梁和隧道的建设；水利工程，如大坝、水库、港口、河流、灌溉及陆地排水系统；管线、卫生系统、煤气和水管及电气电缆的铺设；架空线、线路支撑的建设；炼油厂、钢铁厂及其他大型设施的安装；等等。

（4）安装工程，包括管道工程、暖通设备、隔声和绝热、电气配件。

（5）建筑装饰工程，如涂漆与布置、装玻璃、抹灰、装瓷砖等。

英国原来的建设主管部门主要是英国环境交通区域部（Department of the Environment Transport and Regions，简称DETR），该建设主管部门并非所有公共工程的具体管理者，不对建设过程实施具体的监督与管理，对建设项目的管理重点放在有关政策和法规的制定上，通过全面仔细地规范建筑行业以达到建设活动的有序进行。2001 年 6 月英国大选结束后，新政府各部门进行了一些职能和设置上的调整，建筑工业的发起工作由贸工部（Department of Trade and Industry，简称 DTI）负责。贸工部还负责对建筑市场进行调查，会同国家统计办公室（Office for National Statistics，简称 ONS）出版发行相关信息，以向整个社会提供各种建筑统计数据及相关指数。建筑法规以及原来由内务部（Home Office，简称 HO）负责的消防服务皆转由运输地方政府区域部（Department for Transport Local Government and the Regions，简称 DTLR）负责。另外，DTLR 还作为航空、铁路、海务建设项目的业主，负责该领域公共工程的管理与建设事宜。

2. 英国建筑业的特点

由于受行业本身的规模、地理环境、施工作业等多种多样因素的影响，加上施工组织机构比较复杂，定价程序特殊，专业公司为数众多，以及材料、设备和构件五花八门等因素的影响，英国的建筑工业有其自身的特点。这些特点可归纳如下：

（1）就目前代表建筑专业人士利益的组织机构数目、代表商界利益的商会数目以及建筑业内部专业化分工的发展趋势而言，可以说英国的建筑业是不集中的，相当分散。

（2）传统上，设计与施工各司其职，互相分开，即任何一项建筑项目均须有待设计完全结束后方能开始正式施工。

（3）雇工方式上，主承包商除其管理人员外，一般只雇用零工并实施工程分包，而非雇用固定全日制施工人员。

（4）承包商固定资产投资较少，主要依靠分包和设备租赁。

（5）建筑行业及建筑公司在一定时期内能够揽到多少工程，往往难以预测，因而也就不可能将人员培训工作、投资水平以及各公司的具体产量或产值水平纳入计划，做到心中有数。

（6）全国建筑商、专业分包商、专业公司种类繁多，建筑系统结构十分复杂。英国的建筑承包商以私人承包商为主，而且绝大多数承包商公司人数都在 100 人以内。

3. 业主类型

建筑业中的业主包括中央政府部门、地方当局和国有化工业及实业家，开发公司和私人个体，涉及范围非常广泛。大致可以分为两类，即公共部门业主和私营部门业主（私人业主）。其中，政府当局（公共部门）的工程总额约占建筑业所承担工作量的一半，这一情况会在经济危机时期给本行业带来严重后果。

（1）公共部门业主

公共部门业主一般都是公共事业的主管部门，他们一切按议会法案行事。作为中央政府的政府部门或代理机构，这些公共事业部门的基建开支要受议会和政府控制，因而他们能经办的建筑工程数量直接取决于中央政府计划内的基建投资额度。如果中央政府削减开支，则很可能导致一些重要项目如公路、学校、住房等趋于缓建。即使公共事业主管部门能够为某些项目筹集到必要的资金，也须事先征得中央政府的同意，并取得议会授权，方可正式动工兴建。

（2）私营部门业主

私营部门业主一般都是一些私营公司。他们营造建筑物的目的，有的是为了出租或销售，有的是供自用。中央政府通过签发建筑项目规划许可证及建筑质量安全标准等形式对他们的经营活动在一定范围内加以限量控制。

4. 建筑过程的参与者

建筑业的参与方主要有：

（1）业主，包括个人或机构在内，通常都是委托各种建筑专业人士按照特定的要求，代为筹办项目建设事宜。

（2）建筑专业人士，包括项目经理、建筑师、工料测量师、结构工程师和机电（服务或辅助设施）工程师等。

（3）承包商、专业分包商及材料供应商。

（4）材料制造厂家或供应商，以及设备租赁公司。

（5）负责确保各种建筑规范和公共卫生与安全规范得以贯彻实施的所有主管部门，包括地方政府官员、安全官员及给排水、消防、煤气、电力主管部门。

（6）负责审核有关建筑合同事宜的法律专家。

（7）银行、金融机构和保险公司等信贷提供者。

（8）最终消费者，包括用户、业主本身或租赁者。

5. 英国政府建设主管部门

英国的建设主管部门对建设项目的管理重点是放在有关政策和法规的制定上，通过全面地规范建设行为以达到建设活动的有序进行。

英国的建筑工程项目分为两类：私人工程和政府公共工程项目。二者在管理上没有太大的区别，特别是近十年来，许多政府项目都相继私有化或公私合营。

英国具有不同的业主项目管理方式。项目管理可以委托社会咨询机构承担，英国的许多设计单位也可以提供这种服务，但专门提供业主项目管理的公司较少。如前所述，原来英国的建设主管部门主要是英国环境交通区域部（DETR），但是随着 2001 年 6 月英国大选的结束，政府各部门进行了一些调整：建筑工业的发起工作交由贸易工业部负责，建筑法规以及原来由内务部负责的消防服务转由运输地方政府区域部（DETR）负责。

（1）英国环境交通区域部（DETR）的机构设置与职能

英国环境交通区域部于 1997 年 6 月由英国原环境部与交通部合并而成。英国环境交通区域部主营的范围很大，涉及野外与乡村、航空、建筑、房屋、交通、规划、出版、火车等二十多个方面。

英国环境交通区域部的主要工作目标为：

① 保护和改善环境，并将环境政策和其他政策结合起来。

② 为每一个公民提供获得良好住房的机会，以促进社会凝聚力和稳定性。

③ 通过不同途径建立有效、完善的交通服务体系，以减少交通流量，满足社会需求。

④ 挖掘农村潜力，提高农村生活水平，保护和管理好野生资源。

⑤ 建立公正有效的土地使用规划系统，并反映区域特色促进发展。

⑥ 保障有效的建筑市场，促进建筑企业的革新与进步，增强国内外市场的竞争力。

⑦ 减少工作的风险，保障公众的健康与安全。

环境交通区域部由主管房屋建设与改造的部门是建设局。建设局由 6 个司和 1 个秘书处组成，主要有建筑业司、建筑法规司、建筑革新与研究管理司、建筑业出口与材料促进司、建筑市场信息司、实施与预资格体例司。

建设局重要职能是：促进建设活动的质量和经济效益，提高建设生产方法和建筑生产活动的现代化水平；制订培训计划，提高建筑业从业人员素质；积极鼓励并资助对建筑生产活动的改革。建设局下设专家组和法规组，其中法规组与英国健康和安全执行委员会保持紧密联系，以此促进建筑物的施工与居住安全。

英国地方政府的建设主管部门设在地方当局（Local Authorities）。有两个层次：一是郡级，该级的数量很少，只在部分地区设置，对所属市、镇、区的建设工作进行宏观协调和控制；二是市、镇、区级，该级的数量很多，仅伦敦市就设有 32 个区级的地方建设主管部门。

（2）英国运输地方政府区域部

英国运输地方政府区域部（DTLR）设内阁大臣，大臣为英国内阁成员。目前 DTLR 中央部门有 3 400 名职员，另外有 13 300 名职员就职于 DTLR 的 10 个执行代理机构（Executive Agencies）中。DTLR 在 2001—2002 年负责 60 亿英镑的财政支出，包括运输、住房和开发项目。

（3）英国建筑业的几个重要机构

在英国，除了有关的政府建设主管部门（如 DTLR），建筑业的管理还涉及贸工部和劳工部等。此外，为了使建筑业本身的发展和建筑活动有序进行，社会上还有许多的政府所属代理机构及社会团体组织。

① 建筑业理事会（Construction Industry Board，简称 CIB）

英国建筑业理事会的职责是为英国建筑业发展提供实施策略和指南，制定建筑规范。其组织形式是将英国建筑业业主以及政府部门的代表组合起来，以此提高建筑生产活动的效果和效率。建筑业理事会的工作方针是以合作为基础，发挥群体的力量，不断改进建筑活动实施途径和方法。

② 建筑工业委员会

建筑工业委员会成立于 1988 年，开始时只有 5 个会员单位，发展至今已成为英国最大的一个涉及整个建筑领域的团体。建筑业委员会在英国建筑领域发挥着巨大的作用。目前其会员已包括超过 350 000 个与建筑工业有关的专业人士，超过 19 000 家建筑公司。建筑业委员会是建筑职业团体、研究机构以及其他专业学会的代表组织。

建筑工业委员会所从事的活动范围很广，涉及建筑领域的政策、实践、研究、教育、专业发展与环境。其职责是支持委员会制定的各项计划的具体实施。

6. 英国建设法律体系

英国有三套不同的法律体系：英格兰和威尔士、苏格兰、北爱尔兰各有其自己的法律体系。1667 年，英国国会就通过了第一部有关建筑工程的法律，在其后的 300 多年中，经过不断地修改、补充和完善，逐步形成了比较完整的建设法律、法规体系。下面就涉及面最广的英格兰和威尔士的体系加以介绍，它分为四个层次。

第一层次为法律（ACT）。包括：《建设法》（*Building Act*）、《住宅法》（*Housing Act*）、《新城镇规划法》（*New Town Planning Act*）、《工作健康与安全等法案》（*Health and Safety at Work etc. Act*）、《消防法》（*Fire Precautions Act*）、《环境保护法》（*Environmental Precautions Act*）等。法律须经国会上、下两院分别审议通过后方可颁布。法律具有强制性，必须执行。

第二层次法规（Regulations）。包括：《建筑法规》（*Building Regulations*）、《建筑产品法规》（*Building Products Regulations*）、《工作场所安全、健康与福利法规》（*Workplace Health Safety and Welfare Regulations*）、《工程设计和管理法规》（*Construction Design and Management Regulations*）、《工程健康、安全与福利法规》（*Construction Health, Safety and Welfare Regulations*）等。建设法规的制定，是按照法律的授权和要求，由国家建设主管部门环境、交通及区域部（DETR）或 DTLR 草拟，经国会备案后，由该部部长批准颁布。法规同法律一样具有强制性，必须执行。

第三层次为技术准则（Guidance）。现行的建筑技术准则包括与《建筑法规》规定的各项功能相对应的结构、消防、环保、节能、残疾人保护、卫生、隔音、通风、供热、排水、防坠落、玻璃安装、开启、清洗、室内用合成木地板、地下室等 15 册。建筑技术准则由国家建设主管部门原环境交通区域部组织有关专家起草，向社会发布，征求公众的意见，修改完善后由该部长批准颁布。技术准则一般是强制性的，但不是唯一的，只要有更先进的方法，并经地方政府认可，确实保证建筑工程能够满足建筑法规规定的功能要求时，可不执行。

第四层次为标准（Standard）。英国是世界上标准化工作起步最早的国家之一，英国标准化协会组织制定了大量的英国标准（British Standard，简称 BS），目前有 3 500 ~ 4 500 项涉及工程建设。其中有 1 500 项属于建筑工程类标准，如《建筑钢结构应用规程》（BS449）、《木结构应用规程》（BS5268）、《建筑物设计、建造使用的防火措施》（BS5588）等标准。这些标准均属推荐性标准，由使用者自愿采用，或者在合同中约定使用。这些标准一旦被建筑技术准则引用，被引用的部分或条款即具有与技术准则相同的法律地位。

7. 英国政府对工程项目的监督与管理

英国政府对政府大型土木工程项目的管理主要体现在立项阶段，审批非常严格，具有一定规模的影响大的项目，须经国会批准后才能立项。建设过程中的质量控制主要靠市场机制。能够承担大型土木工程设计和施工的都是权威咨询公司和承包商，他们的技术、管理、资历和信誉都是可信赖的，并且要求他们提供履约担保和工程保险，必要时还可以委托第三方咨询机构进行工程监理，负责技术把关。在建设的设计和实施过程中建造者（Builder）和开发者（Developer）按法律要求，必须取得建筑控制允许（Building control approval）——建筑法规要求的一种独立检查，并且存在两种形式的建筑控制提供者，即"地方政府"（Local Authority）和"认可检查员"（Approved Inspector）。

对建筑工程项目，英国的法律、法规则规定了严格、明确、具体的管理与监督程序：主要通过规划审批、设计（技术）审查、施工（质量）检查、健康安全管理等四个环节来实现。

英国建筑业管理程序主要包括：

（1）开展建筑活动的主要步骤

英国开展建筑活动的主要步骤如图 2.1 所示。

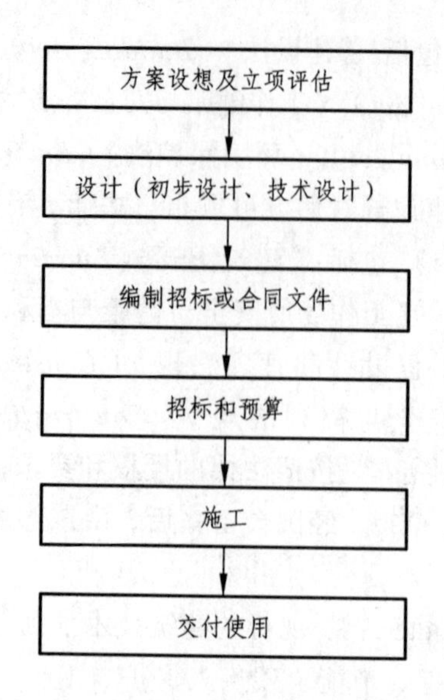

图 2.1　英国建筑活动的主要步骤

在建筑过程中的各个阶段，大致如上图所示，不同的参与者按计划行使各自的职责。图中各步骤的具体内容如下：

① 方案设想及立项评估。在这一阶段中需要业主、工料测量师、建筑师、工程师、银行家和律师的参与。有可能需要召开多次会议来讨论一些问题。总之，在项目建设之前，许多具体问题必须得到解决。要对初步的预算进行评估，对设计方案进行比较。在本阶段，还需要上报政府的计划委员会，搞清楚各项法规的要求，以及计划部门对拟建项目的意见。

② 设计（初步设计、技术设计）。由业主指定的建筑师进行项目可行性研究，并根据业主提出的方案，结合拟建项目的功能、造价、质量和工期等要求，开展设计。

立项评估阶段结束之后，初步设计阶段就开始了。根据初步设计的图纸的技术说明书，工料测量师编制出工程量清单（工程量表）。建筑师审查初步设计文件和预算，所有初步设计文件呈送业主审批。

通常情况下，业主和建筑师将对这些文件进行若干修改。初步设计一旦确定下来，最终技术设计阶段就开始了，技术设计文件更加详细和费时。由于建筑和工程结构图确定了工程范围，工程量清单将更加详细和准确。工料测量师（或计划工程师）将编制施工进度计划，进度计划应反映出项目实施所需合理时间。

③ 编制招标合同文件。由业主的咨询工程师（建筑师、工程师、工料测量师）负责选择在建设费用、工期和一般市场行情等诸方面适合于本项目的合同类型。然后，据此编制相应的合同文件，并通过招标选择合适的承包商来实施发包工程。

④ 招标和预算。招标和预算通过公开招标或邀请招标等各种招标方式，将编制的招标文件或合同文件分发给所选定的承包商；承包商的估价师（Estimator）根据工程量清单编制报价，使承包商对该工程进行投标。

在英国，大部分承包商在项目的实施过程中会将工程的大部分内容分包给各类专业分包商，这些分包商一般从承包投标报价时就开始介入，有些是由业主指定的分包商。承包商在取得招标文件后，如其打算分包工程，会将相关的投标图纸和工程量清单交到有关分包商（一般至少请 3 家其认为合格的分包商），分包商会就此进行报价；承包商根据分包商的报价，认定哪一家分包商的报价最低，以此作为承包商报价的依据，承包商的估价师对其自己实施的工程和分包商对各部分报价进行汇总，并加上相应的利润、管理费及相关杂税，作为其向业主投标报价的依据。

⑤ 施工。中标的承包商按照业主提供的设计图纸和技术规范进行施工。在施工过程中，承包商的项目经理及项目组成员要与业主及其建筑师、工程师、工料测量师密切合作；在施工过程中还要协调好与分包商供应商的关系。

⑥ 交付使用。工程完工，立即移交业主进行验收，由建筑师代理业主核实该建筑物及其服务设施的性能是否已达到业主的预期目标。同时，建筑师负责就今后如何对建筑物进行维护工作提供必要的指导，并向业主交付各建筑物及电气、给排水等服务设施项目，以及全部竣工图纸。

（2）建筑过程各阶段的主要参与者

建筑过程各阶段的主要参与者见表 2.1。

表 2.1　英国建筑过程主要参与者

参与者	方案设想	设计	文件编制	招标与预算	施工	交付使用
业主	▲					○
建筑师		▲	○	○	○	▲
工料测量师		○	▲	○	○	
结构工程师		▲	○		○	
服务设施工程师		▲	○		○	○
主承包商		■	■	▲	▲	○
国内分包商					▲	○
专业分包商					▲	○
法定管理机构		○			○	○
项目经理	■	■		■	■	■

注：▲主要参加者；■协调期间的参与者；○受邀参与者。

8. 英国工程造价咨询历史与现状

（1）历史沿革

在英国乃至英联邦国家的建筑领域是很难见到工程造价管理这个概念的，英国的专用名词叫工料测量（Quantity Surveying）。工料测量与我国的工程造价管理的内容基本上是一致的。英国的工料测量，有着悠久的历史，可以追溯到 16 世纪，至今已有 400 年的历史。现代的工料测量大约开始于 18 世纪（1700 年后），由施工后测量转变的原因可以使建筑物在安装前就确定建筑成本，这对于建筑工业是一个重大的改进，同时也是迈向现代招投标制度的重要一步。

（2）英国工程造价管理现状

英国同其他的西方国家一样，依据建设项目的投资来源不同，政府投资工程和私人投资工程的工程造价管理方式也不同，但两者之间仍然有一些相同的做法。

政府投资的公共工程项目必须执行统一的设计标准和投资指标，工料测量师要协助建筑师核算和监控。对于私人投资的工程项目，在不违反国家的法律、法规的前提下，政府不干预私人投资的工程项目建设。由于英国政府没有统一的计价标准，价格是通过市场确定，投资者一般是委托中介组织利用已建类似工程的数据资料和近期的价格及相关指数，并进行必要的调整来确定投资估算，作为控制设计、招标和施工的造价限额。

英国的工程造价管理是通过立项、设计、招标签约、施工过程结算等阶段性工作，贯穿于工程建设的全过程。

① 立项阶段。拟建项目是否确定必要、能否立项建设，要通过技术、经济调查，分析论证，进行总体规划，提出可行性研究报告。工料测量师参与调查、分析论证，同时收集信息资料，编制投资估算，提供政府或业主决策。投资额一经批准或确认即为项目投资最高限额，工料测量师以此作为造价控制目标。

② 设计阶段。设计师、工程师和工料测量师一起对设计方案（含初步设计与技术设计）作技术和经济分析论证，优化并进行相关专业的协调，避免施工中的设计变更。工料测量师编制工程预算，随着工作的深入，造价越来越准确，但不能超过造价限额。

③ 招标签约阶段。设计和概算审查后，确认设计和概算未超过既定的建设规模和造价限额即可进行招标。工料测量师要编制招标文件、标底及合同文件文本。

④ 施工阶段。施工企业中标后，由企业根据工程实际情况和自身条件，编制施工设计，这样可以发挥专业技术专长，便于施工。受雇于业主的工料测量师，在施工过程中要根据工程进度确认工程结算款项和控制拨款，并根据工程变化情况调整工程预算。承包商的工料测量师，除按照招标文件参与工程调整、现场踏勘、编制报价和投标文件，中标后按中标造价进行资金分配和合同的履约外，在施工过程中还直接参与项目管理，按施工进度提供劳动力材料、施工机械等供应计划，按月或周统计已完成的工程量，提出工程结算款项，竣工验收后提出竣工决算等项业务。要在各个环节上严格控制工程费用的支出，确保在中标造价内实现预期利润。

2.1.3 美国工程造价咨询的发展

美国的建设工程项目分为政府投资项目和私人投资项目，对于政府投资项目，美国采取的是一种“谁投资谁管理”，即由政府投资部门直接管理的模式。对私人管理项目，政府不予干预，但对工程的技术标准、安全、社会环境影响和社会效益等则通过法律、法规、技术标准等加以引导或限制。

1. 美国建设项目工程造价管理的特点

（1）结合工程质量及工期管理造价

在美国的工程管理体系中，并没有把造价同工期、质量割裂开来单独管理，而是把它们作为一个系统来进行综合管理。其理念是：

① 任何工程必须在满足工程质量标准要求的前提下合理地确定工期。

② 任何工程必须先有工程质量标准要求，然后才谈得上造价的合理确定。

③ 工程必须严格按计划工期履行，才有可能不突破预定的造价。

④ 追求全生命周期的费用最小化。在美国，在计算出工程造价后，一般还要计算工程投入运行后的维护费，做出工程寿命期的费用估算，并对工程进行全面的效益分析，从而避免片面追求低造价而工程投产后维护使用费用不断增加的弊端。

⑤ 广泛应用价值工程。美国的工程造价的估算是建立在价值工程基础上的，在工程设计方案的研究论证中，一般都有估价师的参与。以保证在实现功能的前提下，尽可能减少工程成本，使造价建立在合理的水平上，从而取得最好的投资效益。

⑥ 十分重视工作分解结构（Work Breakdown Structure，简称 WBS）及会计编码。对于大中型项目，为保证项目的顺利实施，还必须对所应完成的工作进行必要分解，确定各个单元的成本和实施计划，这一过程称为工作分解结构 WBS（Work Breakdown Structure），并在 WBS 的基础上进行会计的统一编码。美国的项目参与各方历来十分重视 WBS 及会计编码，将其视为成本计划和进度计划管理的基础。

（2）对工程的造价变更与工程结算的严格控制

① 工程造价的变更

a. 允许变更的前提。在美国一般只有发生以下事项时，才可能进行工程造价的变更。

（a）合同变更；（b）工程内部调整；（c）重新安排项目计划。

b. 变更程序。工程造价的变更均需填报工程预算基价变更申请表等一系列文件，经业主与主管工程师批准后方可执行工程造价的变更。

② 工程结算

a. 对于承包商未超出预算的付款结算申请，经业主委托的建筑师/造价工程师审查，经业主批准后予以结算。

b. 凡是超过预算 5% 以上的付款申请，必须经过严格的原因分析与审查。

2. 美国建设项目工程造价管理主体及其作用

（1）政府部门

政府部门参与工程造价管理的途径及作用有：

① 各地政府定期公布各类工程造价指南，供社会参考。

② 负责政府投资的有关部门对自己主管的项目进行直接的管理并积累有关资料形成自己的计价标准。

③ 劳工部通过制定及发布各地人工费标准直接影响工程造价。

④ 主管环保及消防的有关部门通过组织制订及发布有关环境保护标准间接影响工程造价。

⑤ 通过银行利率等经济杠杆对整个市场进行宏观调控，从而影响工程造价的构成要素，最终影响工程造价。

（2）私人工程业主

美国私人工程的业主分布于各行各业，如汽车、娱乐、银行业、保险、零售业、能源生产和分配。在美国，专业化分工很细，业主公司不可能也没有必要拥有一套从事工程造价的专业人士，所以对工程造价的具体管理，业主一般都是委托社会上的估算公司、工程咨询公司等来进行的。

（3）建筑师和工程师

建筑师和工程师，也称为设计专业人员。在美国，有许多建筑师和工程师在公共机构和大型的私营机构工作。但美国也有许多建筑师、工程师私人注册的独立设计公司，根据签订的合同完成设计工作。在采用如设计-建造（Design-Build）的项目管理模式下，建筑师和工程师与既负责设计又负责施工的公司签订合同，在采用其他项目管理模式时，建筑师和工程师与业主签订合同。

（4）承包商

承包商一般均在项目的中期和后期开始介入，根据业主给出的初始条件来设计或建设一个设施，此时业主的意图已经清晰，已经对多个方案进行了研究，并对其进行了选择和放弃，项目的范围和轮廓已经相当清晰。

承包商对成本费用的划分非常详细，除上述直接成本和间接成本外，为便于施工控制，还将施工成本单独划分出来，它包括直接人工费、施工设备费，以及现场间接成本。

美国施工企业为管理其工程成本而采取的一项组织措施就是实行技术管理层和劳务层分离，只雇佣少量的技术管理人员，没有固定工人和长期合同工。根据施工任务需要，随时与社会上各种专业分包商签订分包合同，任务完成后，立即解约。

（5）建设经理

建设经理（Construction Manager）是随着项目管理的一种全新的方式——建设管理方式（Construction Manage，简称 CM）的诞生而出现的一种新型职业。建设经理是一些建筑施工、建筑工程管理及建筑经济学方面的专家，作为代理人受雇于业主，主要的工作是在施工阶段，对建筑师或工程师或承包商进行管理、监督协调。除此之外，建设经理在项目的前期工作中承担的工作有：

① 决策阶段。协助确定项目目标、目的及优先程序，编制评估操作规划，进行初步成本估算，编制初始时间表，协助筹资，协助进行现场选定，协助选择设计专业人员。

② 设计阶段。提供阶段性的成本估算，进行成本控制，分析替代设计方案，预选进行的施工可行性，提供有关工程材料的数据，编制阶段性的进度规划，合同文件编制过程中的协调与审查，价值分析，提供施工技术以及经济方面的建议，负责所有会议的记录。

③ 采购阶段。编制预算控制估算，刊登施工招标公告，选定预审投标者，信息和投标文件的分发，举行标前会议并组织现场考察、接收、分析投标并提出决标建议，跟踪购买阶段并为所有活动建立文件档案。

3. 美国项目管理的常见模式及方法

（1）业主直接管理模式

该模式是项目管理的一种传统模式。在这种方法下，业主分别与设计机构和承包商签订设计和施工合同，业主直接对设计和施工工作进行管理，在施工阶段，设计专业人员通常承担着重要的监督工作。

（2）设计-建造模式（Design-Building，简称 DB）

所谓设计-建造方式，就是在项目原则确定以后，业主只需选择唯一的实体负责项目的设计与施工，设计-建造承包商对设计、施工阶段的成本负责，至于工程设计和施工的具体实施，则根据具体情况，或由自己的专业人员与下属机构完成，或通过与专业设计机构及分包商签订协议由其分别完成。

（3）建设管理模式（Construction Manage，简称 CM）

该管理模式有两种，第一种为建设经理是业主的代理人，业主参加全部的合同协议的情形；第二种为建设经理同时也是建造者。

代理型建设管理是一种较为传统的形式，在这种形式下，建设经理是业主的咨询人员和代理，提供建设管理服务。

建设经理同时也是建造者的项目管理模式又称为风险型建筑工程管理方式，实际上是建设管理模式与传统模式的结合，在这种方式下，建设经理同时也是施工总承包商，建设经理除了正常的承包工程的收入外，由于承担了保证施工成本的风险而可以得到另外的收入。

建设管理模式与以往的其他模式相比，主要特点是可以实现设计、招标、施工的科学有效地充分搭接，从而大大缩短整个项目的建设周期，并且可以有效地降低成本。

（4）代理式项目管理方式（Project Manage，简称 PM）

代理式项目管理不是一种工程项目管理模式，而是为项目选定适当的咨询服务。在该方式下，项目经理被看作是可以代替业主的一个方便的工具，并且可以按照不同方式对建造（例如设计投标建筑或者设计建造）的每个单独的项目或工地的完成交付进行监督。

代理方式项目管理的目的是实现三大目标控制，并向业主提供合同管理、信息管理和组织协调等服务。

2.1.4 中国工程造价咨询的发展

1. 我国工程造价管理的现状

我国现行的工程造价管理制度是在 20 世纪 50 年代形成、80 年代完善起来的。表现为国家直接参与和管理经济活动，要求在不同设计阶段必须编制概算或预算并对政府负责。政府主管部门制订了概（预）算编制原则、内容、方法和审批办法，规定了概（预）算定额、费用定额和设备材料预算价格的编制、审批、管理权限等，从而形成了比较完备的概（预）算定额管理体系。由于国家控制了构成工程造价主要因素的设备材料价格、人工工资和利税分配等，概（预）算制度在核定工程造价、帮助政府进行投资计划方面发挥了重大作用。但随着社会主义市场经济体制的建立和发展，现行的工程造价管理制度存在的问题也随之暴露出来。主要表现在如下几个方面。

（1）工程造价缺乏竞争性

由于受长期的计划经济体制及建筑业自身特点的影响，我国现行的工程计价体系带有浓厚的计划经济和指令定价色彩，尽管工程造价管理部门制订了一些有针对性的调价政策，但都未能取得根本性的突破。造价行政主管部门多为直接式服务，采用政府定价，因而造价缺乏竞争性。以施工企业自主定价为特征的工程计价体系有待建立和完善。

（2）造价控制重施工轻设计

多年来，我国的建设项目普遍忽视了项目建设前期阶段的重要性，造价控制的重点主要放在项目建设的后期阶段甚至在工程决算阶段，因此经常出现投资超限的现象。有些项目甚至在建成后投资大幅超过计划，从而出现了大量效益不好的工程。近些年来，国际上发达国家对工程投资控制的做法是事前预控、事中控制。而我国传统的做法是把造价控制重点放在施工阶段，在客观上造成轻决策重实施、轻经济重技术、先建设后算账的后果。造价多为事后算账，依附于建筑设计师，被动地反映设计和施工。

（3）工程造价咨询机构不健全

工程造价咨询业发展还不够成熟，有的地方虽已建立咨询机构，但没有充分发挥出工程造价咨询的作用。目前，我国的工程造价咨询单位普遍实力薄弱，规模偏小，技术力量不强，改革也没有完全到位，还无法应对市场的变化和竞争。工程造价咨询业发展中存在不少的问题，主要表现在：受主管部门的制约，不能公正地进入社会；基础差、素质低，单一从事编制工程预算业务，不适应市场经济发展的要求；行业管理体制尚未理顺，存在行业、地区、部门垄断封锁的现象，严重地阻碍了公平竞争的发展；行业服务规范和制度建设急需与国际接轨。

（4）高素质的工程造价专业人才严重不足

目前，取得造价工程师资格的专业人才不多，高级专业人才就更少。有的虽已经取得执业资格，但没有实践工作经验和实际工作能力，综合素质不高。在造价工程师执业工作中还存在“在岗无证，有证无岗”的现象。工作内容依然是单一的，多在主管部门及领导的主观意志指令下工作，因而工作服务领域小。在社会主义市场经济体制逐步完善，投资日趋多元化的今天，取得造价工程师资格的人数远远满足不了社会需要，迫切需要一大批为项目投资提供科学决策依据的高素质综合型工程造价专业人才。

（5）工程造价管理相关的法律、法规不健全

尽管我国已制定了与工程造价管理相关的法律、法规，但是由于各方面的原因，仍不够健全。特别是加入 WTO 后，我国的法律仍然存在与 WTO 组织有关法律不符的地方。

2. 我国工程造价管理的发展趋势

工程造价管理的发展

（1）工程造价管理的国际化趋势

随着我国改革开放的进一步加快，中国经济日益深刻地融入全球市场，进入我国的跨国公司和跨国项目将会越来越多，我国的许多工程项目要通过国际招标、咨询或 BOT 方式运作。同时，我国企业走出国门在海外投资和经营的项目也在增加。因此，伴随着经济全球化的到来，工程造价管理的国际化正形成趋势和潮流。特别是我国加入 WTO 后，我国的行业壁垒下降，国内市场国际化，国内外市场全面融合，外国企业必定利用其在资本、技术、管理、人才、服务等方面的优势，挤占我国国内市场，尤其是工程总承包市场。面对日益激烈的市场竞争，我国的企业必须以市场为导向，转换经营模式，增强应变能力，自强不息，勇

于进取，在竞争中学会生存，在拼搏中寻求发展。

此外，入世后根据最惠国待遇和国民待遇，我们将获得更多的机会，并能更加容易地进入国际市场。同时，加入 WTO 后，在国际市场上，作为一名成员国，我国的企业可以与其他成员方企业拥有同等的权利，并享有同等的关税减免，在“贸易自由化”原则指导下，减少对外工程承包的审批程序，将有更多的公司从事国际工程承包，并逐步过渡到自由经营。随着经济全球化的到来，工程造价管理国际化已成为必然趋势，各国都在努力寻求国际间的合作，寻找自己发展的空间。

（2）工程造价管理的信息化趋势

伴随着互联网走进千家万户，工程造价管理的信息化已成必然趋势。作为当今更新最快的电脑技术和网络技术在企业经营管理中普及应用的速度令人吃惊，而且呈现加速发展的态势。这给工程造价管理带来很多新的特点，在信息高速膨胀的今天，工程造价管理越来越依赖于电脑手段，其竞争从某种意义上讲已成为信息战。另一方面，作为 21 世纪的主导经济——知识经济已经来临，与之相应的工程造价管理也必将发生新的革命。知识经济时代的工程造价管理将由过去的劳动密集型转变为知识密集型。知识经济可以理解为把知识转化为效益的经济；知识经济利用较少的自然资源和人力资源，而更重视利用智力资源：知识产生新的创意，形成新的成果，带来新的财富。这一过程靠传统方式已无法实现，这时先进管理手段——电脑又发挥了不可替代的作用。目前，西方发达国家已经在工程造价管理中运用了计算机网络技术，通过网上招投标，开始实现了工程造价管理网络化、虚拟化。另外，工程造价管理软件也开始被大量使用，同时还有专门从事工程造价管理软件开发研究工作的软件公司。种种迹象表明 21 世纪的工程造价管理将更多地依靠电脑技术和网络技术，未来的工程造价管理必将成为信息化管理。

（3）促进我国工程造价管理发展的对策

① 从业主方面入手，必须要业主转变观念，接受这种专业化的管理。一是选择好的业主；二是与好的开发商、投资商紧密合作；三是以被雇佣的身份参与到业主的项目管理班子中；四是逐渐建立与业主的伙伴关系；五是关注采用新的发包模式项目。

② 从政府工程项目入手。一是提高领导的认识；二是做出强制性要求；三是要改革政府工程项目的组织模式（业主的组织模式）；四是改变政府工程的发包模式，以实现从微观到宏观管理的转移；五是建立政府工程效益评价制度并落实到责任人；六是建立政府工程项目实施的公开、透明制度；七是选择政府项目开展示范工程。

③ 要强调造价计划与造价控制过程。一是加强人员的培训；二是提高领导认识；三是促进计算机辅助管理。

④ 不断改革工程建设项目管理模式。一是发包模式的改变；二是鼓励和支持政府项目采用设计+施工总承包、私人融资、管理咨询、项目管理等模式。

⑤ 大力宣传好的案例。选择不同的业主项目，特别是政府项目，做好典型案例宣传工作。

⑥ 大力开展示范项目。从小的项目做起，积极在政府项目中展开，必须给予示范项目的相对独立性，避免干扰。

⑦ 大力开展国际合作。一是中外业务机构的合作，有利于取长补短，以提供良好的业务；

二是可为我国造价管理专业人员提供学习的机会；三是有利于合理利用资源，减少成本。

⑧ 加大对专业人员能力的培养。开展各种形式的培训教育工作，如大学教育、国内培训、国外培训、到国外公司学习、请国外专业人员到本公司工作等。

（4）综合评价，科学管理

① 培养一支高素质的造价工程师队伍。工程造价管理是一门综合性的学科。它以国家有关基本建设的方针、政策作为规范的准则，综合运用其他技术经济学科的成果，是一项政策性、技术性、经济性和实践性都很强的工作。造价工程师除了应对本专业的知识有很好的修养外，还应懂设计、懂施工技术、懂项目管理、懂经济法规、懂计算机应用。造价工程师应具有丰富的实践经验，融技术与经济知识于一体，是一个具有多层次知识的人才。在市场经济体制逐步完善，投资日趋多元化的今天，迫切需要一批为投资提供科学决策依据的造价工程师。

② 培育工程造价咨询中介机构。工程造价咨询系指面向社会接受委托，承担建设项目的可行性投资估算、项目经济评价、工程概预算、竣工决算、工程招标控制价、投标报价的编制和审核，对工程造价进行监控以及提供工程造价信息资料的业务工作。咨询机构的设立，将在业主与承包商之间起到中介作用。在政府投资工程的管理方面，咨询机构的活动使得政府不必对项目进行直接管理，而依靠间接手段达到管理的目的。在此过程中，造价工程师已从服务于建筑师、工程师的被动地位，发展到与他们并列，并相互制约、相互影响的地位，在工程建设中发挥着积极的作用。

③ 重视造价管理的基础工作。工程造价管理的基础工作是我们进行工程造价管理的基础依据，对合理地确定造价和有效地控制造价起着决定性作用。内容包括估算指标、概预算定额、各项费用指标的制定；工程量计算规则的确定；项目划分；建材的价格信息和有关的价格指数系统的建立与定期发布；工程造价资料的积累；对历史造价的分析与整理等。这些工作的开展，必须通过建立必要的行政法规，明确责任，使造价管理的基础工作规范化、制度化。工程造价管理改革的取向应该是通过市场机制进行资源配置和生产力布局，造价管理改革中首要的任务就是计价模式的改革。

④ 重视造价管理中的合同管理。工程造价工作离不开合同，合同对参与项目建设的各方都非常重要，与企业的利益密不可分。在合同谈判、合同签订过程中都离不开造价工作，在投标报价、工程结算中也都离不开合同，所以造价人员应努力成为合同方面的行家、真正成为企业的顾问、智囊团。同时也应尽量使自己具备法律、经济、施工技术、信息交流等方面的知识。

就我国的工程造价咨询而言，它是在特殊的历史条件下发展起来的。可以说，已经从被动消极地反映工程设计和施工的估价活动，发展到能动地影响工程设计和施工，发挥工程造价管理的作用。展望未来，任重而道远。我们应该在已有的工程造价管理的基础上，研究分析，并吸收国外的成功经验，与我国具体的实际相结合，建立具有中国特色的社会主义工程造价管理模式。

2.2 工程造价咨询服务

2.2.1 工程造价咨询服务的概念

工程造价咨询服务是指工程造价咨询企业接受委托，对建设项目工程造价的确定与控制提供专业服务，出具工程造价成果文件的活动。

工程造价咨询服务的主要内容有：

（1）建设项目可行性研究经济评价、投资估算、项目后评价报告的编制和审核。

（2）建设工程概、预、结算及竣工结（决）算报告的编制和审核。

（3）建设项目招投标阶段工程量清单、招标控制价、投标报价的编制和审核。

（4）建设工程实施阶段施工合同价款的变更及索赔费用的计算。

（5）提供工程造价经济纠纷的鉴定服务。

（6）提供建设工程项目全过程的造价监控与服务。

（7）提供工程造价信息服务等。

据住房和城乡建设部统计，截至 2018 年末，全国共有 8 139 家工程造价咨询企业。其中，甲级工程造价咨询企业 4 236 家，增长 13.4%；乙级工程造价咨询企业 3 903 家，增长 3.9%。专营工程造价咨询企业 2 207 家，增长 12.5%；兼营工程造价咨询企业 5 932 家，增长 1.65%。

2018 年末，工程造价咨询企业从业人员 537 015，比上年增长 5.8%。其中，正式聘用员工 497 933 人，占 92.7%；临时聘用员工 39 082 人，占 7.3%。

2018 年末，工程造价咨询企业共有注册造价工程师 91 128 人，比上年增长 3.6%，占全部工程造价咨询企业从业人员的 17.0%。

2018 年末，工程造价咨询企业共有专业技术人员 3 467 582 人，比上年增长 2.1%，占全部工程造价咨询企业从业人员的 64.6%。其中，高级职称人员 80 041 人，中级职称人员 178 398 人，初级职称人员 88 313 人，分别占比 23.1%、51.4%、25.5%。

我国建筑业发展十三五规划表明，全国工程监理、造价咨询、招标代理等工程咨询企业营业收入年均增长 20%以上。

2.2.2 工程造价咨询服务的范围

工程造价咨询服务的范围有：

（1）建设项目建议书及可行性研究投资估算、项目经济评价报告的编制和审核。

（2）建设项目概预算的编制与审核，并配合设计方案比选、优化设计、限额设计等工作进行工程造价分析与控制。

（3）建设项目合同价款的确定（包括招标工程量清单和招标控制价、投标报价的编制和审核）；合同价款的签订与调整（包括工程变更、工程洽商和索赔费用的计算）与工程款支付，工程结算及竣工结（决）算报告的编制与审核等。

（4）工程造价经济纠纷的鉴定和仲裁的咨询。

（5）提供工程造价信息服务等。工程造价咨询企业可以对建设项目的组织实施进行全过程或者若干阶段的管理和服务。

2.2.3　工程造价咨询业发展历程

在过去相当长的计划经济体制时期，工程造价管理是依据计划经济的原则进行管理的。政府是建设工程的投资者，项目的建设和管理也是由政府承担，工程造价的确定和控制主要依靠政府制定的定额和标准来执行。因此“工程造价管理”意义上是指政府对工程造价管理。

自 20 世纪 90 年代初国家确定建立社会主义市场经济体制的目标后，投资主体逐步实行了多元化，建设体制中推行了招标投标制、合同管理制、工程项目监理制。与此同时，工程造价计价依据也有了相应的变化，改变过去定额多年不变的情况，根据市场变化实行了动态的管理，各地政府造价管理部门定期编制和发布有关造价指数，对建筑工程造价中的材料价格进行适时调整。随着建设市场化程度的不断增大，无论是业主还是承包商都需要根据工程本身的情况和市场多变的因素加强对项目工程造价的控制，在这样的环境下，工程造价咨询行业应运而生。

20 世纪 90 年代中期，国内逐步形成了工程造价咨询市场，在工程造价咨询业发展的初期，从业的主要是设计单位、建设银行、政府造价管理部门设立的工程造价咨询机构，以及部分私营和个体从业者。为了保证工程造价咨询行业的健康发展，1996 年由建设部制定了《工程造价咨询单位资质管理办法（试行）》，对工程造价咨询单位进行规范管理，明确工程造价咨询要面向社会接受任务，承担建设项目可行性研究估算、工程设计概预算、工程结算、工程招标标底和投标报价的编制和审核等有关工程造价咨询业务。政府对具有法人资格的企业和事业单位从事工程造价咨询的，根据其技术力量、单位的人员素质、组织机构、注册资金和服务业绩等方面核定资质等级，并按甲、乙、丙三个等级进行登记发放资质证书。实施工程造价咨询单位的资质管理是政府培育和发展工程造价咨询业的主要措施。

2.2.4　我国工程造价咨询业现状

1. 我国工程造价咨询业的现状

（1）我国工程造价咨询企业的业务大多是预算编制、招标代理、结算审核和造价鉴定等，很少参与工程前期的初步经济评价、可行性研究、方案建议等内容。从业务的范围来看，远未发挥造价咨询单位应有的职能，造价咨询服务缺乏完整性。从营销观念来看，国内工程造价咨询公司缺乏开拓市场的营销能力和缺乏强有力的市场竞争能力。

（2）我国的工程咨询业在设计、造价控制、监理等领域分属不同的公司和部门。设计与施工的分离，使得设计人员在设计时并不能详细考虑建筑物的可施工性、最优性能。而对于造价控制来说，一般的造价事务所从单纯的编（审）预决算，到从工程一开工进驻现场就进行的全程跟踪审计，这一步虽对造价控制来说有了很大的进步，但是它也只仅仅是做了造价这一个方面的控制，并没有真正顾及工期、质量等其他因素。工程监理也只是对工程质量给予了主要的关注，对造价和工期不能很好地控制。

（3）我国工程造价咨询单位近几年才逐渐培育和发展起来，主要分为三类：一是由原建设主管部门的造价站人员改制而成；二是由建设银行系统的基建部门改制而来；三是由社会上的概预算人员集资开办，所以导致多种经济成分并存。由于市场竞争非常激烈，在利益的驱动下，个别单位或个人一味迎合委托方的意愿，有失咨询单位执业的独立、客观、公正的原则，业务质量难以保证，以致不断发生法律纠纷。

（4）我国工程造价咨询业中既懂工程造价又懂经济、法律，还懂得国际贸易规则，同时精通计算机和外语的复合型人才比较缺乏。有的从业人员掌握知识范围过于狭窄，往往局限于自己负责的专业范围内。

2. 我国工程造价咨询业的优势

（1）本土化特征强

我国的工程造价咨询企业熟悉我国的基本国情，对我国经济技术发展水平和国内资源分布以及国内消费者都更加了解。同时，他们还更熟悉我国的投资环境、行业管理体制和相关法律法规，并与建设单位和施工单位保持有一定的联系，这是我国工程造价咨询企业的独特优势。

（2）工程勘察设计能力较强

我国工程造价咨询公司有一些是从工程勘察设计单位转轨而来，又分布在各行业各地区之内，工程勘察设计实力较强。发达国家工业体系比较完备，资源开发程度高，所以大型工程相对较少。我国是发展中国家，疆土辽阔，大型工程、特殊工程相对较多，如青藏铁路、西气东输、三峡工程等，这些工程的建设极大地丰富了我国工程咨询公司对大型工程、特殊工程的实践经验。

（3）劳务成本低

咨询企业的成本主要表现为人力成本。我国劳动力价格比较低廉，这使我国工程造价咨询企业同国外咨询企业相比有较大的竞争力。

3. 我国工程造价咨询业存在的问题

（1）管理体制的问题

① 对于政府主管部门。由于计划经济遗留等原因，造成工程造价被政府主管部门分割管理，如项目建设工程造价的投资估算、设计概算、确定合同价、施工图预算、实施造价过程控制、竣工决（结）算等分别由不同层级的发改委、建设局或各部委建设司等部门负责主管，而部门之间的权力界限不是很明晰，而且协调配合不够，容易造成管理混乱。此外，我国工程造价咨询的法制化管理还不够完善，缺乏相应的法律或者合同范本来对工程造价咨询活动中的投资方（业主）、咨询企业以及政府管理部门等各方人员的责、权、利进行规范，各种制度之间的关系尚未理顺，地方、行业的保护和市场垄断还未彻底清除，这些都需要完善的法律法规予以解决。

② 对于行业协会。由于行业协会是非政府组织，它在管理方式上以依法管理为主，其授权不够并且本身力量较弱及发展不完善，协会力量难以满足行业发展需要，所以它对工程造价咨询业的管理较弱，并且对专业资格也缺乏规范管理，造成工程造价专业人员“在岗无证、有证不岗、有证无岗”等现象。

（2）咨询企业的问题

① 专业化的工程造价咨询企业比例较小。我国工程造价咨询企业专营化程度不高，很大一部分为会计师事务所等兼营类工程造价咨询企业。

② 独立性和公正性不足。由于我国管理体制的原因，许多工程造价咨询企业仍与原隶属单位有一定的联系，不够独立，同时也会导致咨询业的客观公正性大打折扣。

③ 服务水平较低。我国工程造价咨询业缺乏高素质从业人员，而且服务质量亟待提高，很多企业竞争意识淡薄、服务意识缺乏，甚至做出有悖职业道德的行为。还有很多企业业务单一，资金、技术实力都较差，难以抵御风险。

④ 实际业务范围较窄。由于多种原因，目前我国很多工程造价咨询企业服务内容受到很大的局限，多以招标控制价编制和预（结）算审查为主，一些其他业务基本没有能力开展。

⑤ 咨询取费标准偏低。由于我国工程造价咨询业取费标准由政府有关部门制定，收费标准一直很低，这也不利于行业的发展。

下面通过中国内地与中国香港地区专业人士、咨询企业及行业协会比较，以期发现我国工程造价咨询业存在的问题，如表 2.2 ~ 2.4 所示。

表 2.2　中国内地与中国香港地区工程造价咨询企业比较

地区	中国内地	中国香港
公司机制	大多采用有限责任制，对其债务承担有限责任，责任风险较小	大多为合伙人制，对其债务承担无限责任，责任风险较大
信誉	信誉一般，公正性一般	信誉较佳，公正性较好
专营性	专营类工程造价咨询企业比例偏小，全国甲级工程造价咨询企业中，专营类仅占 49%	全部为专业专营类工程造价咨询企业
服务范围	大多数企业服务范围： ➢ 工程造价咨询 ➢ 工程投资咨询 ➢ 工程招标代理 部分企业还从事以下业务： ➢ 司法鉴定业务 ➢ 造价信息服务 少数企业从事以下业务： ➢ 工程项目管理 ➢ 建筑领域计算机软件开发、销售	主要业务： ➢ 工料测量服务 ➢ 造价资料库 ➢ 工程项目管理 ➢ 价值研究及管理 ➢ 风险分析和管理 ➢ 施工管理 ➢ 设施管理 ➢ 合同草拟及诠释 ➢ 施工程序编排及分析 ➢ 纠纷调解、排解服务

表 2.3　中国与国外专业人士比较

地区	中国		英国	美国
	内地	香港		
专业人士	造价工程师	工料测量师（Quantity Surveyor）	特许测量师（Chartered Quantity Surveyor）	认可造价工程师（CCE） 认可造价咨询师（CCC）
管理制度	政府多头管理，没有完全意义上的自律	政府宏观调控，行业高度自律		
从业范围	建设项目投资估算的编制、审核及项目经济评价； 工程概算、工程预算、工程结算、竣工决算、工程招标标底价、投标报价的编制、审核； 工程变更和合同价款的调整和索赔费用的计算； 建设项目各阶段的工程造价控制； 工程经济纠纷的鉴定； 工程造价计价依据的编制、审核； 与工程造价有关的其他事项	在房屋建造、土木工程、城市发展，以及矿物及石油化工等各项工程上提供广泛服务； 初步成本咨询； 成本计划； 招标文件的制定及相应承包价建筑合约的制定和管理； 工程费的开支预算及成本控制； 工程策划及管理； 仲裁建筑合约纠纷； 建筑工程保险损失估值	战略工程咨询； 工程管理、经济、计划、合同和材料的采购以及与工程有关健康和安全； 在土木、大型工程项目、机械、电子、石油化工和设备工程等领域提供测量专业服务	建筑合同文本的服务/多种语言的造价估算服务； 行政控制管理； 建筑领域中项目控制和工程咨询； 建筑行业中高质量的工料测量/商务管理服务； 工程建设管理服务，造价估算服务，工程建设监管、进度控制、价值工程、索赔等； 资金项目管理； 企业项目管理系统，风险和索赔管理； 提供本国的国家造价数据； 全方位的工程咨询

表 2.4　中国与国外工程造价学会比较

地区	中国		英国	美国
	内地	香港		
学会	中国建筑工程造价管理协会（CECA），各地设有分会	香港测量师学会（HKIS），有 5 个测量组，会员达 6 782 人	英国皇家特许测量师协会（RICS），包括 16 个学部	国际工程造价学会（AACE-I） 美国咨询工程师联合会（AECE） 美国土木工程师协会（ASCE）等
性质	具有法人资格的全国性社会团体	独立法人团体	民间的社团法人，非营利性	非营利性职业协会
会员准入	自愿加入，会员多为企业，个人也可加入	严格，是专业人士能否入行的第一道“门槛”，须参加学会考试	严格，要有经验，经过 APC 测试，加入意味着有职业资格	严格，须笔试，加入者意味着具有行业最新的知识和技能

续表

地区	中国		英国	美国
	内地	香港		
职能	研究工程造价管理体制的改革和发展的理论、方针、政策；协助政府部门规范工程造价咨询市场；负责工程造价咨询单位资质申报的评审、年检和造价工程师考试、注册及继续教育等具体工作	行业自律功能； 制订专业服务的标准，包括制订专业守则； 为政府制定政策提供咨询	行业自律功能； 组织专业人士资格考试； 认证专业人士从业资格； 组织学术交流活动； 受政府委托组织制定技术标准、规范、合同标准文本； 制定职业道德规范	行业自律功能； 制定有关技术标准的功能； 考核认定有关专业资格的功能； 对学校专业教育进行指导和评估的功能； 组织继续教育，为政府及社会提供专业支持，促进及保障行业内信息交流等

4. 我国工程造价咨询业面临的威胁

（1）业务比较单一，不能完全适应市场化的需要。

（2）市场分割比较明显，各行业之间进入障碍较大。

（3）造价工程师咨询工具、方法单一，需不断引入新技术、新方法、新工具乃至新的理论和更先进的理念。

（4）行业协会作用有限，需加强行业自律。

（5）市场化程度不高，市场竞争环境不完善。

（6）创新能力薄弱，忽视品牌建设。

（7）国家有关中介机构的法律法规体系尚不完备。

思考题

1. 如何理解工程造价咨询业？
2. 你认为今后工程造价咨询业的出路在哪里？
3. 比较中外工程造价咨询业有哪些不同？

第 3 章

工程造价的理论体系

3.1 工程造价相关基础理论

3.1.1 工程成本的理论与构成

1. 工程成本理论

产品成本是指企业为生产一定种类和数量的产品所消耗而又必须补偿的物化劳动和活劳动中必要劳动的货币表现，这种由 $c+v$ 构成的成本称为理论成本。

成本从耗费的角度看，是商品产品生产中所消耗的物化劳动和活劳动中必要劳动的价值，即 $c+v$ 部分，它是成本最基本的经济内涵；成本从补偿的角度看，是补偿商品产品生产中资本消耗的价值尺度，即成本价格，它是成本最直接的表现形式。成本是已耗费而又必须在价值或实物上得以补偿的支出。

成本是商品价值的组成，反应商品价值 $c+v+m$ 的形成过程。其中：

c 是生产资料价值在生产劳动过程中实现的价值转移。在建筑工程造价中，这部分价值的价格是由从事施工的工人和施工管理人员创造的。前者表现为直接费中的人工费，后者表现为施工管理人员的计时工资或计件工资、津贴、补贴、特殊情况下支付的工资等。

v 是建筑工程施工过程中耗费的必要劳动所创造的价值。在建筑工程造价中，物化劳动价值的价格由材料费、机械使用费、临时设施费、管理费中的办公费、固定资产使用费、工具用具使用费等构成。

m 是工人为社会所创造的价值。在建筑工程造价中，剩余价值的价格就是利润。利润进行两方面的分配：一是以税金的形式上缴国家和地方财政，作为社会积累；一部分留在企业，作为企业的发展基金和福利基金。

2. 工程成本的构成

工程成本由直接成本和间接成本组成。

（1）直接成本的构成

直接成本是指在费用发生时就能区分出用于哪些工程，从而可以直接计入该项工程成本的费用，主要包括工、料、机费用。

① 人工费，是指按工资总额构成规定，支付给从事建筑安装工程施工的生产工人和附属生产单位工人的各项费用。

② 材料费，是指施工过程中耗费的原材料、辅助材料、构配件、零件、半成品或成品、工程设备的费用。

③ 施工机具使用费，是指施工作业所发生的施工机械、仪器仪表使用费或其租赁费。

（2）间接成本的构成

间接成本是指在发生时不能明确区分用于哪些项工程，从而不能直接计入该项工程而采用一定方法分摊的费用。这种分类的目的是为了便于组织工程项目实际成本核算，主要包括：

① 管理费，指建筑安装企业组织施工生产和经营管理所需的费用。

② 利润，指施工企业完成所承包工程获得的盈利。

③ 规费，指按国家法律、法规规定，由省级政府和省级有关权力部门规定必须缴纳或计取的费用。

④ 税金，指国家税法规定的应计入建筑安装工程造价内的营业税、城市维护建设税、教育费附加以及地方教育附加。

3.1.2 工程价格理论

1. 工程价格的内涵

工程价格是工程产品价值的货币表现，是物化在工程产品中的社会必要劳动和剩余劳动的货币表现。

工程产品的理论价格与其价值一样，应由 $c+v+m$ 三部分构成，由于价值规律的作用，建筑工程产品的价格围绕着价值波动，对生产和需求，以及经济资源的配置起着一定的调节作用。

所谓的理论价格是按照马克思主义的价格形成理论计算出来的价格。可表达为

$$J = C + V + M$$

式中：J——工程价格；

C——过去劳动创造的价值；

$V+M$——劳动者为自己和社会创造的价格；

$C+V$——构成产品计划成本，是商品价值主要部分的货币表现；

M——表现为价格中所含的计划利润和税金。

2. 工程价格理论的基本内容

（1）价值和使用价值理论

工程产品作为商品具有双重性，即使用价值和价值。工程产品的价值有质的规定和量的规定。从质的规定来讲，它是物化在产品中的抽象劳动，是无差别的人类劳动的凝结；从量的规定来讲，它是由消耗在产品中的劳动量决定的。

（2）生产价格理论

所谓“生产价格”，是由产品的成本价格和平均利润构成的价格。生产价格是价值的转化形式，生产价格形成后，市场价格将围绕生产价格而上下波动，这只是价值规律作用形式的

变动，而不是对价值规律的否定，因为社会商品的生产价格总额等于商品价值总额。随着利润转化为平均利润，商品价值就转化为生产价格。

（3）供求规律

供求规律指商品的供求关系与价格变动之间的相互制约的必然性，它是商品经济的规律，商品的供给和需求之间存在着一定的比例关系，其基础是生产某种商品的社会劳动量必须与社会对这种商品的需求量相适应。供求关系就是供给和需求的对立统一。包括以下内容：

① 供求变动引起价格变动。供不应求，价格上涨。这种供不应求会引起价格上涨的趋势，可以在供应量不变，而需求量增加的情况下发生；也可以在需求量不变，而供应量减少的情况下发生；还可以在供应量增长赶不上需求量的增长的情况下发生。商品供过于求，价格就要下降。供过于求引起价格下降，可以在需求量不变、而供应量增加的情况下发生；也可以在需求量增长赶不上供应量增长的情况下发生。

② 价格变动引起供求的变动。其他因素不变，市场需求量与价格呈反方向变动，即价格上涨，需求减少；价格下跌，需求增加。同理，市场供给与价格呈同方向变动，即价格上涨，供给增加；价格下跌，供给减少。价格的涨落会调节供求，使之趋于平衡。

（4）价格与商品价值、货币价值的关系

在供求关系不变时，商品的价格除受商品价值决定外，还受货币价值影响。当商品价值升高，而货币价值不变时，商品价格升高；当商品价值不变，而货币价值下降时，商品价格就会提高；当商品的价值下降时，而货币价值不变时，商品价格会下跌；当商品价值不变，而货币价值提高时，商品价格也会下跌。

价值是价格的基础，价格是价值的货币表现。比如，一般而言，一辆自行车再贵也不会贵过一架飞机。因为，马克思政治经济学认为：无差别的人类抽象劳动凝结在商品中，就形成了商品的价值。而生产一架飞机所需要的社会必要劳动时间远超过生产一辆自行车的，所以飞机的价值远大于自行车的价值，因此飞机的价格也应该远高于自行车的价格。

3. 工程产品价值、成本和价格的关系

工程产品价值、成本和价格的关系如图 3.1 所示。

3.1.3 工程投资理论

1. 投资的内涵

投资指的是特定经济主体为了在未来可预见的时期内获得收益或是资金增值，在一定时期内向一定领域的标的物投放足够数额的资金或实物的货币等价物的经济行为。可分为实物投资、资本投资和证券投资。前者是以货币投入企业，通过生产经营活动取得一定利润。后者是以货币购买企业发行的股票和公司债券，间接参与企业的利润分配。

2. 投资的来源

投资的来源主要有财政预算投资、自筹资金投资、银行贷款投资、利用外资、利用有价证券市场筹措建设资金等。

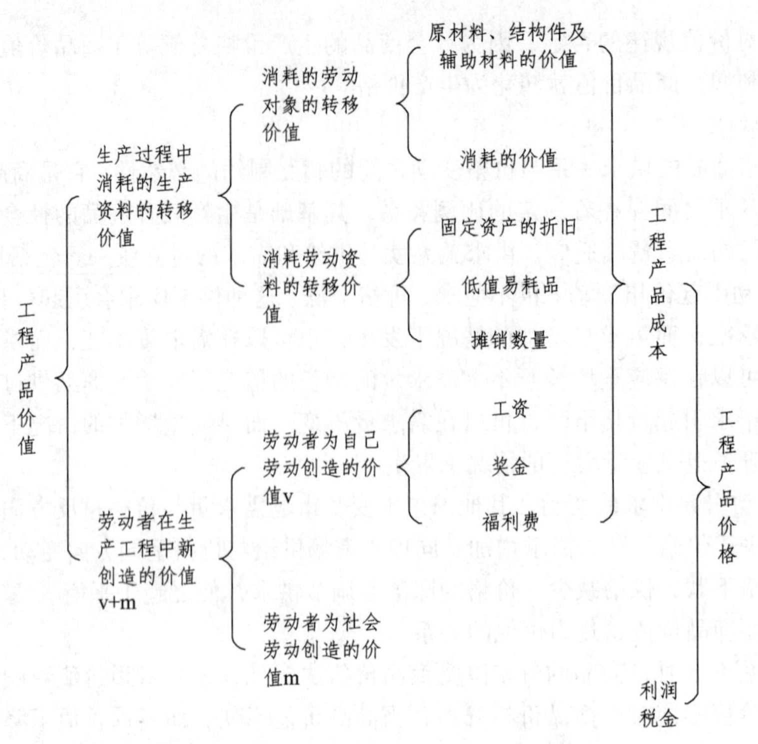

图 3.1　工程产品价值、成本和价格的关系

（1）财政预算投资

它是指用国家预算安排的资金，对列入年度基本建设计划的建设项目进行投资。

（2）自筹资金投资

自筹资金是指各地区、各部门、各单位按照财政制度提留、管理和自行分配用于固定资产再生产的资金。自筹资金主要有：地方自筹资金；部门自筹资金；企业、事业单位自筹资金；集体、城乡个人筹集资金等。

（3）国内银行贷款

国内银行利用信贷资金发放基本建设贷款是建设项目投资资金的重要组成部分。投资的来源渠道为政策性银行和商业银行的贷款。

（4）利用外资

我国利用外资的主要形式有外国政府贷款；国际金融组织贷款；国外商业银行贷款；在国外金融市场上发行债券；吸收外国银行、企业和私人存款；利用出口信贷；吸收国外资本直接投资，包括与外商合资经营、合作经营、合作开发以及外商独资等形式；补偿贸易；对外加工装配；国际租赁；利用外资的 BOT 方式等。

（5）利用有价证券市场筹措建设资金

有价证券市场，是指买卖公债、公司债券和股票等有价证券，在不增加社会资金总量和资金所有权的前提下，通过融资方式，把分散的资金累积起来，从而有效地改变社会资金总量的结构。有效证券主要指债券和股票。

① 债券是借款单位为筹集资金而发行的一种信用凭证，它证明持券人有权取得固定利息并到期收回本金。我国发行的债券种类有：国家债券即公债、国库券，是国家以信用的方式

从社会上筹集资金的一种重要工具；地方政府债券；企业债券；金融债券。债券发行后，可在证券流通市场上进行交易，债券的发行与转让分别通过债券发行市场和债券转让市场进行。债券的票面价格即指债券券面上所标明的金额；发行价格即指债券的募集价格，是债券发行时投资者对债券所付的购买金额；债券的市场价格指债券发行后在证券流通市场上的买卖价格。

② 股票是股份公司发给股东作为已投资入股的证书和索取股息的凭证。它是可作为买卖对象和（或）抵押品的有价证券。按股东承担风险和享有利益的大小，股票可分普通股和优先股两大类。股票筹资是一种有弹性的融资方式，由于股息和红利不像利息必须按期支付，且股票无到期日，公司不需要偿还资金，因而融资风险低。但对投资者来说，因股票的投资报酬可能比债券高，因此投资的风险也大。

3.1.4 市场经济理论

1. 供求理论

（1）需求函数 Q

需求函数 $Q=Q(P)$表示一种商品的需求量和该商品的价格之间存在着一一对应的关系，如图 3.2 所示。图中横轴表示价格 P，纵轴表示需求量 Q，需求曲线 D 是一条向右下方倾斜的曲线。

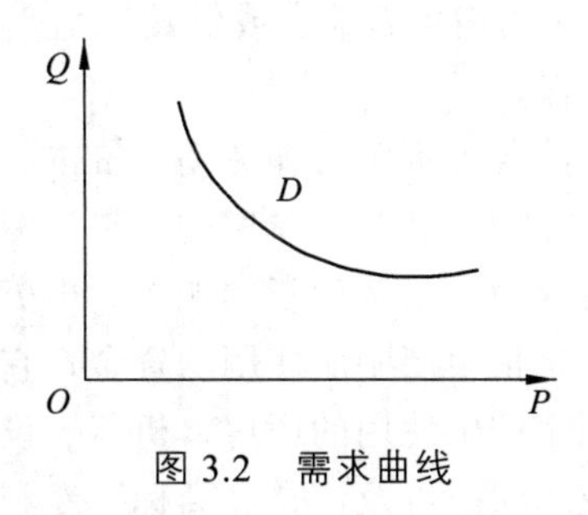

图 3.2 需求曲线

一种商品的市场需求量 Q 与该商品的价格 P 的关系是：降价使需求量增加，涨价使需求量减少，因此需求量 Q 可以看成是价格 P 的单调减少函数，称为需求函数 $Q=Q(P)$，也就是说，影响需求数量的各种因素 P 是自变量，需求数量 Q 是因变量。

（2）供给函数 S

供给函数 $S=S(P)$表示一种商品的供给量和该种商品价格之间存在着一一对应的关系，如图 3.3 所示。图中横轴表示价格 P，纵轴表示需求量 Q，需求曲线 S 是一条向右上方倾斜的曲线。

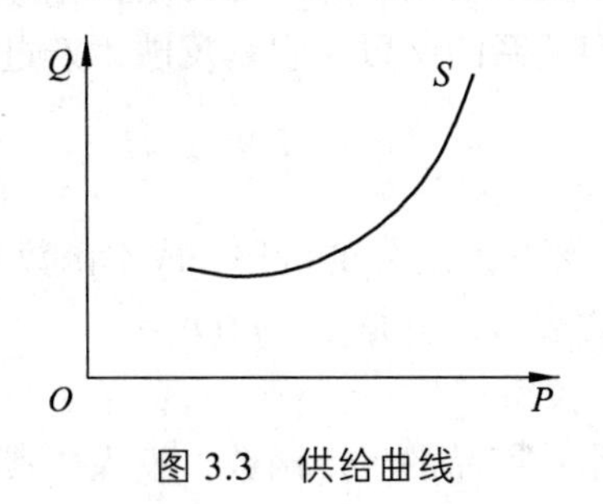

图 3.3 供给曲线

（3）供求均衡

供求均衡指供给量与需求量达到平衡、需求价格与供给价格同时相等时的价格。或者说是需求曲线与供给曲线相交时的价格。当一种商品的需求与供给在市场上达到均衡时，便可确定该商品的均衡价格与数量，当把需求曲线 D 与供给曲线 S 画在同一坐标平面上，可得供求曲线，如图 3.4 所示。图中 E 点表明，消费者愿意以价格 P_0 购买的商品数量为 Q_0，生产者愿意以价格 P_0 卖出商品的数量为 Q_0。

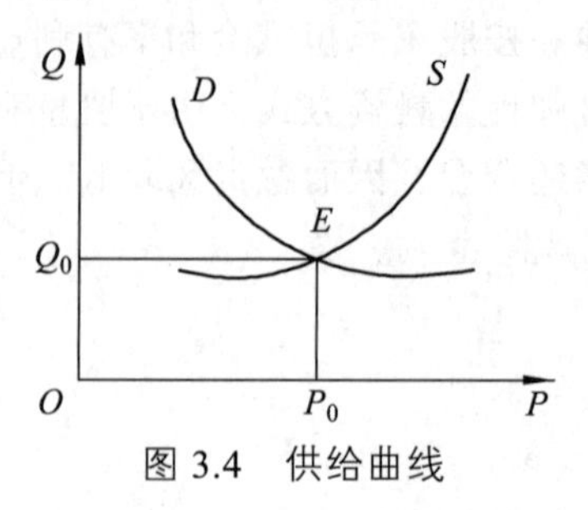

图 3.4　供给曲线

2. 生产理论

（1）生产与生产要素

生产是对各种生产要素进行组合以制成产品的行为。在市场经济中，厂商从事生产经营活动就是从要素市场上购买生产要素（劳动力、机器、原材料等），经过生产过程，生产出产品或劳务，在产品市场上出售，供给消费者消费或供其他生产者再加工，以赚取利润。所以，生产也就是把投入变为产出的过程。

生产要素是指生产中所使用的各种资源，即劳动、资本、土地与企业家才能。生产也是这四种生产要素结合的过程，产品则是其共同作用的结果。劳动是指劳动力所提供的服务，可以为体力劳动和脑力劳动。劳动力是指劳动者的能力，由劳动者提供，劳动者的数量和质量是生产发展的重要因素。资本是指生产中所使用的资金，它包括两种形式：有形的物质资本和无形的人力资本。前者指在生产中使用的厂房、机器、设备、原料等资本品；后者是指在劳动者身上的身体、文化、技术状态以及信誉、商标、专利等。在生产理论中指的主要是前一种物质资本。土地是指生产中所使用的各种自然资源，是在自然界存在的，如土地、水、自然状态的矿藏、森林等。企业家才能是指企业家对整个生产过程的组织与管理工作能力，包括经营能力、组织能力、管理能力、创新能力。企业家根据市场预测，有效地配置上述生产要素从事生产经营，以追求最大利润。

（2）生产函数

生产函数是指在技术水平不变的情况下，一定时期内生产要素的数量与某种组合和它所能生产出来的最大产量之间依存关系的函数。它是反映生产过程中投入和产出之间的技术数量关系。

（3）成本函数

成本是生产中使用各种生产要素所支付的费用，成本函数反映产品的成本（生产费用）C 与产量 Q 之间的关系。用数学式表示，就是 $C=f(Q)$。

（4）成本函数与生产函数的关系

① 决定产品成本函数的因素：产品的生产函数，投入要素的价格。

生产函数表明投入与产出之间的技术关系。这种技术关系与投入要素的价格相结合，就决定产品的成本函数。

② 成本函数与生产函数的变动关系（三种情况）。

第一种情况：如果在整个时期投入要素的价格不变，且生产函数属于规模收益不变（即产量的变化与投入量的变化成正比关系），那么，它的成本函数，即总成本和产量之间的关系也是线性关系，如图 3.5 所示。

第二种情况：如果投入要素价格不变，而生产函数属于规模收益递增（即产量的增加速度随投入量的增加而递增），那么，它的成本函数，即总成本和产量之间的关系为总成本的增加速度随产量的增加而递减，如图 3.6 所示。

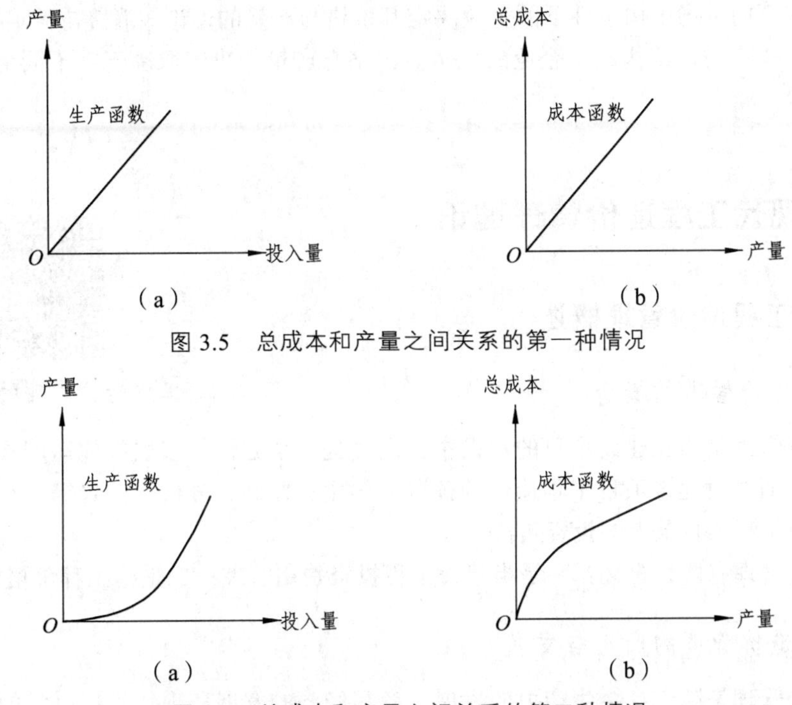

图 3.5　总成本和产量之间关系的第一种情况

图 3.6　总成本和产量之间关系的第二种情况

第三种情况：如果要素价格不变，而生产函数属于规模收益递减（即产量的增长速度随投入量的增加而递减），那么，它的成本函数，即总成本和产量之间的关系为总成本的增加速度随产量的增加而递增，如图 3.7 所示。

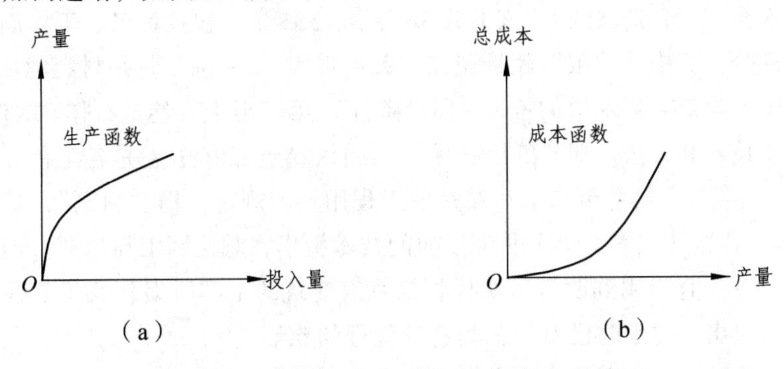

图 3.7　总成本和产量之间关系的第三种情况

由此可见，成本函数导源于它的生产函数，只要知道某种产品的生产函数，以及投入要素的价格，就可以推导出它的成本函数。

3. 市场理论

市场起源于古时人类对于固定时段或地点进行交易的场所的称呼，指买卖双方进行交易的场所。发展到现在，市场具备了两种意义，一个意义是交易场所，如传统市场、股票市场、期货市场等等，另一意义为交易行为的总称。广义上，所有产权发生转移和交换的关系都可以成为市场。

市场也是社会主义市场经济的核心，由消费者和生产者共同决定价格机制的场所。市场理论是研究在不同市场结构条件下的企业决定其价格与产量的理论。消费与需求构成了单位、企业的收益，生产与供给构成了企业的成本。价格与产量的决定取决于在不同情况下对收益与成本的比较。

3.2 现代工程造价管理理论

工程造价管理的基本内涵

3.2.1 工程造价管理概述

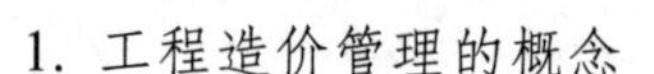

1. 工程造价管理的概念

工程造价管理是指在建设项目的建设中，全过程、全方位、多层次地运用技术、经济及法律等手段，通过对建设项目工程造价的预测、优化、控制、分析、监督等，获得资源的最优配置和建设工程项目最大的投资效益。

工程造价管理有两种含义：一是指建设工程投资费用管理；二是指工程价格管理。

2. 工程造价管理的产生与发展

工程造价管理是随着社会生产力的发展、商品经济的发展和现代管理科学的发展而产生发展的。

我国古代在组织规模宏大的生产活动（例如土木建筑工程）时就运用了科学管理方法。据《辑古算经》等书记载，我国唐代就有夯筑城台的用工定额——功。公元 1103 年，北宋土木建筑家李诫编修了《营造法式》，该书共 36 卷，3 555 条，包括释名、工作制度、功限、料例、图样五个部分。其中“功限”就是现在的劳动定额、“料例”就是材料消耗定额。第一、二卷主要是对土木建筑名词术语的考证，即“释名”；第三至十五卷是石作、木作等工作制度，说明工程的施工技术和方法，即“工作制度”；第十六卷至二十五卷是各工种计算用工量的规定，即“功限”；第二十六卷至二十八卷是各工程用料的规定，即“料例”；第二十九卷至三十六卷是图样。《营造法式》汇集了北宋以前的技术精华，对控制工料消耗、加强施工管理起了很大的作用，并一直沿用到明清。明代管辖官府建筑的工部所编著的《工程做法》一直流传至今。由此可看出，北宋时已有了工程造价管理的雏形。

现代工程造价管理是随着资本主义社会化大生产而产生的，最早出现在 16 世纪至 18 世纪的英国。社会化大生产促使大批厂房新建；农民从农村向城市集中，需要大量住房，从而使建筑业逐渐得到发展。随着设计与施工分离形成独立的专业后，出现了工料测量师对已完工程量进行测量、计算工料、进行估价，并以工匠小组名义与工程委托人和建筑师洽商，估算工程价款。工程造价管理由此产生。

从 19 世纪初期开始，资本主义国家在工程建设中开始推行招标承包制，要求工料测量师在工程设计以后和开工以前就进行测量和估价，根据图纸算出实物工程量并汇编成工程量清单，为招标者确定拦标价或为投标者做出投标报价。从此，工程造价管理逐渐形成了独立的专业。1881 年英国皇家测量师学会成立。至此，工程委托人能够在工程开工前预先了解需要支付的投资额，但还不能在设计阶段就对工程项目所需投资进行准确预计，并对设计进行有效的监督、控制。因此，往往在招标时或招标后才发现，根据完成的设计，工程费用过高，投资不足，不得不中途停工或修改设计。业主为了使资源得到最有效利用，迫切要求在设计早期阶段甚至在做投资决策时，就进行投资估算，并对设计进行控制。由于工程造价规划技术和分析方法的应用，工料测量师也有可能在设计过程中相当准确地做出概预算，并可根据工程委托人的要求使工程造价控制在限额以内。至此，从 20 世纪 40 年代开始，在英国等经济发达国家产生了“投资计划和控制制度”，工程造价管理进入了一个崭新阶段。

从工程造价管理的发展历程中不难看出，工程造价管理是随着工程建设的发展和社会经济的发展而产生并日臻完善的。主要表现为：

（1）从事后算账，发展到事前算账。最初只是消极地反映已完工程的价格，逐步发展到开工前进行工程量的计算和估价，为业主进行投资决策提供依据。

（2）从被动反映设计和施工，发展到能动地影响设计和施工。最初只是根据设计图纸进行施工监督，结算工程价款，逐步发展到在设计阶段对造价进行预测，并对设计进行控制。

（3）从依附于建筑师发展成一个独立的专业。当今在大多数国家包括我国都有专业学会组织编制规范和执业守则。高等院校也开设了工程造价专业，培养专门人才。

3. 工程造价管理的内容

工程造价管理的基本内容就是合理确定和有效控制工程造价。

（1）工程造价的合理确定

工程造价的合理确定，就是在工程建设的各个阶段，采用科学的计算方法和现行的计价依据及批准的设计方案或设计图纸等文件资料，合理确定投资估算、设计概算、施工图预算、承包合同价、工程结算价、竣工决算价。

依据建设程序，工程造价的确定与工程建设阶段性工作深度相适应。一般分为以下阶段：

① 项目建议书阶段。该阶段编制的初步投资估算，经有关部门批准，即作为拟建项目进行投资计划和前期造价控制的工作依据。

② 可行性研究阶段。该阶段编制的投资估算，经有关部门批准，即成为该项目造价控制的目标限额。

③ 初步设计阶段。该阶段编制的初步设计概算，经有关部门批准，即为控制拟建项目工程造价的具体最高限额。在初步设计阶段，对实行建设项目招标承包制签订承包合同协议的项目，其合同价也应在最高限价（设计概算）相应的范围以内。

技术设计阶段是为了进一步解决初步设计的重大技术问题，如工艺流程、建筑结构、设备选型等，该阶段则应编制修正设计概算。

④ 施工图设计阶段。该阶段编制的施工图预算，用以核实施工图阶段造价是否超过批准的初步设计概算。经承发包双方共同确认、有关部门审查通过的施工图预算，即为结算工程价款的依据。

对以施工图预算为基础的招标投标工程，承包合同价是以经济合同形式确定的建安工程造价。承发包双方应严格履行合同，使造价控制在承包合同价以内。

⑤ 工程实施阶段。该阶段要按照承包方实际完成的工程量，以合同价为基础，同时考虑因物价上涨引起的造价提高，考虑到设计中难以预料的而在实施阶段实际发生的工程变更和费用，合理确定工程结算价。

⑥ 竣工验收阶段。该阶段全面总结在工程建设过程中实际花费的全部费用，编制竣工决算，如实体现该建设工程的实际造价。

（2）工程造价的有效控制

工程造价的有效控制是指在投资决策阶段、设计阶段、建设项目发包阶段和实施阶段，把建设工程造价的实际发生控制在批准的造价限额以内，随时纠正发生的偏差，以保证项目管理目标的实现，以求在各个建设项目中能合理使用人力、物力、财力，取得较好的投资效益和社会效益。具体来说，是用投资估算控制初步设计和初步设计概算；用设计概算控制技术设计和修正设计概算；用概算或者修正设计概算控制施工图设计和施工图预算。

有效控制工程造价应注意以下几点：

① 以设计阶段为重点的全过程造价控制。工程造价控制应贯穿于项目建设的全过程，但是各阶段工作对造价的影响程度是不同的。影响工程造价最大的阶段是投资决策和设计阶段，在项目做出投资决策后，控制工程造价的关键就在于设计阶段。有资料显示，至初步设计结束，影响工程造价的程度从 95%下降到 75%；至技术设计结束，影响工程造价的程度从 75%下降到 35%；施工图设计阶段，影响工程造价的程度从 35%下降到 10%；而到施工阶段开始，通过技术组织措施节约工程造价的可能性只有 5%～10%。

因此，有关单位和设计人员必须树立经济核算的观念，克服重技术轻经济的思想，严格按照设计任务书规定的投资估算做好多方案的技术经济比较。工程经济人员在设计过程中应及时地对工程造价进行分析对比，能动地影响设计，以保证有效地控制造价。同时要积极推行限额设计，在保证工程功能要求的前提下，按各专业分配的造价限额进行设计，保证估算、设计概算起层层控制作用。

② 以主动控制为主。长期以来，建设管理人员把控制理解为进行目标值与实际值的比较，当两者有偏差时，分析产生偏差的原因，确定下一阶段的对策。这种传统的控制方法只能发现偏差，不能预防发生偏差，是被动地控制。自 20 世纪 70 年代开始，人们将系统论和控制论研究成果应用于项目管理，把控制立足于事先主动地采取决策措施，尽可能避免目标值与实际值发生偏离。这是主动的、积极的控制方法，因此被称为主动控制。这就意味着工程造价管理人员不能死算账，而应能进行科学管理。不仅要真实地反映投资估算、设计概预算，更重要的是要能动地影响投资决策、设计和施工，主动地控制工程造价。

③ 技术与经济相结合是控制工程造价最有效的手段。控制工程造价，应从组织、技术、经济、合同等多方面采取措施。

从组织上采取措施，就要做到专人负责，明确分工；技术上要进行多方案选择，力求先进可行、符合实际；经济上要动态比较投资的计划值和实际值，严格审核各项支出。

工程建设要把技术与经济有机地结合起来，通过技术比较、经济分析和效果评价，正确处理技术先进与经济合理之间的对立统一关系，力求做到在技术先进条件下的经济合理，在经济合理基础上的技术先进，把控制工程造价的思想真正地渗透到可行性研究、项目评价、设计和施工的全过程中去。

④ 区分不同投资主体的工程造价控制。造价管理必须适应投资主体多元化的要求，区分政府性投资项目和社会性投资项目的特点，推行不同的造价管理模式。2004 年颁布的《国务院关于投资体制改革的决定》，主要强调了区分不同的投资主体，针对不同的项目性质，实行不同的管理方式。确立企业投资主体地位，同时对政府投资行为进行规范、制约。

a. 政府投资项目。政府投资主要用于关系国家安全和市场不能有效配置资源的经济和社会领域。对于政府投资项目，继续实行审批管理，但要按照行政许可法的要求，在程序、时限等方面对政府的投资管理行为进行规范。《国务院关于投资体制改革的决定》中提出，"政府有关部门要制定严格规范的核准制度""要严格限定实行政府核准制的范围"。

b. 企业投资项目。对于企业不使用政府投资建设的项目，一律不再实行审批制，区别不同情况实行核准制和备案制。对企业重大项目和限制类项目实行核准制，其他项目则实行备案制。项目的市场前景、经济效益、资金来源和产品技术方案等均由企业自主决策、自担风险，并依法办理环境保护、土地使用、资源利用、安全生产、城市规划等许可手续和减免税确认手续。据有关方面的测算，实行备案制的项目约为 75%，也就是说大部分项目将实行备案制。同时对于企业投资项目，政府转变了管理的角度，将主要从行使公共管理职能的角度对其外部性进行核准，其他则由企业自主决策。"企业投资建设实行核准制的项目，仅需向政府提交项目申请报告，不再经过批准项目建议书、可行性研究报告和开工报告的程序"。

3.2.2 全过程工程造价管理

建设项目全过程造价管理是一种全新的建设项目造价管理模式，它是一种用来确定和控制建设项目造价的管理方法，强调建设工程项目是一个过程，一个工程项目要经历投资前期、建设时期及生产经营时期三个时期，而各个项目阶段又是由一系列的建设项目活动构成的一个工作过程。这是一个项目造价决策和实施的过程，而人们在项目全过程中需要开展建设项目造价管理工作。因此，要进行建设项目全过程的造价管理与控制，必须掌握识别建设项目的过程和应用"过程方法"，也是将一个建设工程项目的工作分解成项目活动清单，然后使用各种方法确定出每项所消耗的资源，最终根据这些资源的市场价格信息确定出一个建设工程项目的造价。

全过程造价管理根本指导思想是通过这种管理方法，使得项目的投资效益最大化以及合理地使用项目的人力、物力和财力以降低工程造价，减少成本。

全过程造价管理方式的根本方法也是参与建设的有关单位共同完成全过程的造价控制工作，项目全体相关利益主体在全过程的参与和监督下，相互制约、相互协调，共同合作和分别负责；再从项目的各项活动及其活动方法的控制入手，通过减少和消除不必要的活动以减少资源消耗，从而实现降低和控制建设工程项目造价的目的。

3.2.3 全寿命工程造价管理

全寿命周期工程造价管理是工程项目投资决策的一种分析工具；是一种用来选择决策备选方案的数学方法；是建筑设计的一种指导思想和手段；是可以计算工程项目整个服务期的所有成本（以货币值），包括直接的、间接的、社会的、环境的等等，以确定设计方案的一种技术方法；是一种实现工程项目全寿命周期，包括建设前期、建设期、使用期和翻新与拆除期等阶段总造价最小化的方法；是一种可审计跟踪的工程成本管理系统。

全寿命周期工程造价管理的思想最早起源于重复性制造业，工程项目全寿命周期工程造价管理主要由英美的一些造价工程界的学者和实际工作者于 20 世纪 70 年代末和 80 年代初提出。进入 20 世纪 80 年代，他们有的从建筑设计方案比较的角度出发，探讨了建筑费用和运营维护费用的概念和思想；也有人从建筑经济学的角度出发，深入地探讨了全寿命周期工程造价管理的应用范围。

全寿命周期工程造价管理的应用方法是：在工程项目全寿命周期的各个阶段都要以全寿命周期费用最小化为目标，尤其是在项目的决策和设计阶段。因为项目决策的正确与否和设计方案的优劣直接影响项目的其他阶段，进而影响到整个生命周期费用。

全寿命周期工程造价管理的特点是覆盖了工程项目的全寿命周期，考虑的时间范围更长，也更合理，使全社会成本最低；在保证现有施工阶段的造价控制技术，加强项目前期策划的力度与深度的情况下，在设计阶段应周全考虑项目未来运营的需要，提高设计的前瞻性与先进性。

从时间跨度的角度来看，全寿命周期工程造价管理要求人们从工程项目全寿命周期出发去考虑造价和成本问题，它覆盖了工程项目的全寿命周期，考虑的时间范围更长，也更合理。

从投资决策科学性角度来看，全寿命周期成本分析，指导人们自觉地、全面地从工程项目全寿命周期出发，综合考虑项目的建造成本和运营与维护成本，从多个可行性方案中，按照生命周期成本最小化的原则，选择最佳的投资方案，从而实现更为科学合理的投资决策。

如图 3.8 所示为全寿命周期成本最优化模型。构建全寿命周期成本的最优化模型质量和耐久性指标，竖轴线表示成本指标。模型中根据质量和耐久性高低分别构建运行与维护成本曲线和建设成本曲线。两条曲线通过叠加组建全寿命周期总成本曲线，所形成的近似抛物线的顶点才是最佳的投资方案点，即只有当建设成本和运行维护成本之和达到最低点才是最佳的投资方案点。

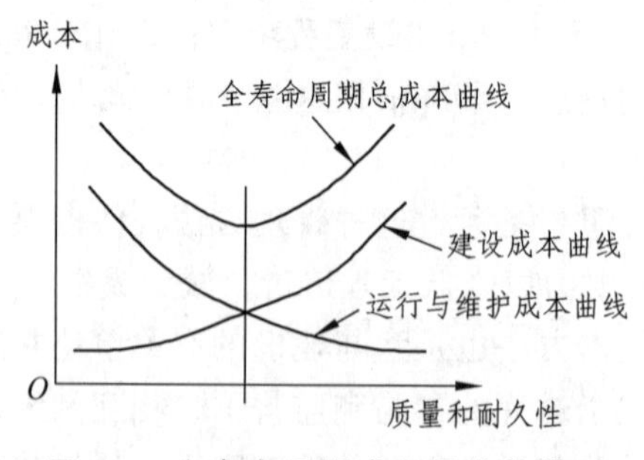

图 3.8　全寿命周期成本最优化模型

从设计方案合理性角度来看，工程项目全寿命周期造价管理的思想和方法可以指导设计者自觉地、全面地从项目全寿命周期出发，综合考虑工程项目的建造造价和运营与维护成本，从而实现更为科学的建筑设计和更加合理地选择建筑材料，以便在确保设计质量的前提下，实现降低项目全寿命周期成本的目标。

如图 3.9 所示为全寿命周期成本分解，在投资决策、初步设计、扩大初步设计和施工图设计阶段，造价工程师利用各种事先收集积累的各种估算指标、定额资料等信息进行造价的确定和控制。工程项目的全寿命周期中，各阶段的成本可分为三个范畴，即建设成本、运行和维护成本、替换成本，并将每个成本范畴又分为一些子范畴，并可用成本函数进行定义。

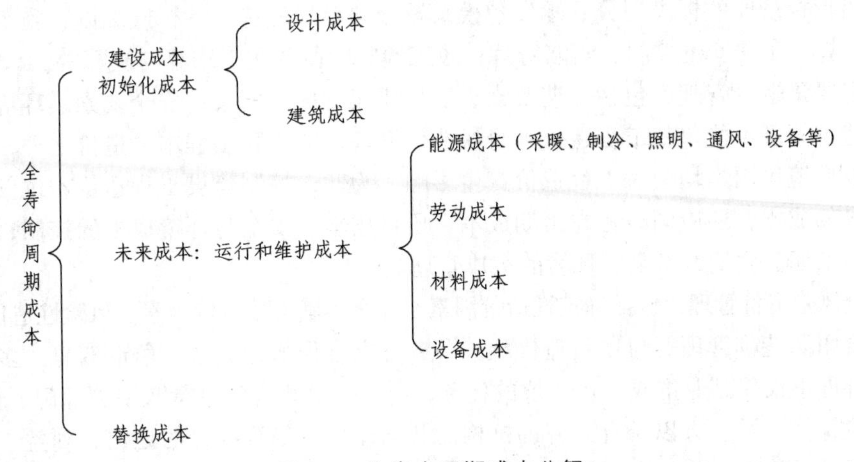

图 3.9　全寿命周期成本分解

从工程项目实施的角度来看，工程项目全寿命周期造价管理的思想和方法可以在综合考虑全寿命周期成本的前提下，使施工组织设计方案的评价、工程合同的总体策划和工程施工方案的确定等方面更加科学合理。

从环保和生态的角度来看，全寿命周期工程造价管理从工程项目全寿命周期出发去考虑造价和成本问题，使得人们可以在全寿命周期的各个环节上，通过合理的规划设计，采用节能、节水的设施和符合国家标准的、节约型的、无污染的环保建材，加强可回收物的收集和储存，实施施工废物处理以及采用一次性装修到位等措施，在生命周期成本最小化的前提下，达到环保和生态的目的，提高项目的社会效益。

从以上几点我们可以看出，全寿命周期工程造价管理比全过程工程造价管理蕴涵的逻辑空间更宽阔，理论和观点更优越。

3.2.4　全面工程造价管理

全面造价管理是指在全部战略资产的全寿命周期造价管理中采用全面的方法对投入的全部资源进行全过程的造价管理。这就需要有效地使用专业知识和专门技术去计划和控制资源、造价、盈利和风险。

简单地说，全面造价管理是一种管理各种企业、工作、设施、项目产品或服务的全寿命周期造价的系统方法。这是通过在整个管理过程中以造价工程和造价管理的原理、已获验证的方法和最新技术来做判断而得以实现的。建设工程全面造价管理包括全寿命造价管理、全过程造价管理、全要素造价管理、全方位造价管理和全风险造价管理。

（1）全寿命造价管理，是指建筑工程初始建造成本和建成后的日常使用成本之和。它包括建设前期、建设期、使用期及拆除期各个阶段的成本。

（2）全过程造价管理，是指为确保建设工程的投资效益，对工程建设从可行性研究开始经初步设计、扩大初步设计、施工图设计、承发包、施工、调试、竣工、投产、决算、评估等整个过程，围绕工程造价所进行的全部业务行为和组织活动。包括前期决策阶段的项目策划、投资估算、项目经济评价、项目融资方案分析；设计阶段的限额设计、方案比选、概预算编制；招投标阶段的标段划分、承发包模式及合同形式的选择、标底编制；施工阶段的工程计量与结算、工程变更控制、索赔管理；竣工验收阶段的竣工结算与决算等。

（3）全要素造价管理，包括工期要素、质量要素、成本要素、安全要素、环境要素等。建设工程造价管理不能单就工程造价本身谈造价管理，因为除工程本身造价之外，工期、质量、安全及环境等因素均会对工程造价产生影响。为此，控制建设工程造价不仅仅是控制建设工程本身的成本，还应同时考虑工期成本、质量成本、安全与环境成本的控制，从而实现工程造价、工期、质量、安全、环境的集成管理。

（4）全风险造价管理，包括确定性造价因素、完全不确定性造价因素、风险性造价因素等。

（5）全团队造价管理。与项目造价相关各方建立合作伙伴关系，争取双赢、多赢。建设工程造价管理不仅仅是业主或承包单位的任务，而应该是政府建设行政主管部门、行业协会、业主方、设计方、承包方以及有关咨询机构的共同任务。尽管各方的地位、利益、角度等有所不同，但必须建立完善的协同工作机制，才能实现建设工程造价的有效控制。

3.2.5 协同造价管理

所谓协同是指协调两个或者两个以上的不同资源或者个体，协同一致地完成某一目标的过程或能力。项目协同管理，是对多个相关且有并行情况项目的管理模式，它是帮助实现项目与企业战略相结合的有效理论和工具。

对于我国业主建设项目而言，业主往往是建设过程的主要参与者。协同管理是指临时性业主委托的专业的项目管理公司，依靠自己的技术实力和丰富的管理经验，协同业主对项目实施全过程、全范围的项目管理。项目管理公司派出的项目管理专业团队是弥补业主方建设管理组织和技术的不足，进而使之成为具有健全的组织、科学完善的管理制度和工作流程、全面完整的管理范围、掌握先进的管理工具和经济技术、工程技术的专业化的项目协同管理团队。

工程项目管理企业，是指依法设立，具有相应资质，受工程项目建设单位委托，按照合同约定，代表建设单位对工程项目的组织实施进行全过程或若干阶段的管理和服务的企业。在我国项目协同管理团队中，项目管理公司的专业人员提供的是咨询服务、管理服务和技术服务，重大事项最终决策权仍属于业主。

3.2.6 集成造价管理

集成是指为实现特定的目标，集成主体创造性地对集成单元（要素）进行优化并按照一定的集成模式（关系）构成一个有机整体系统（集成体），从而更大程度地提升集成体的整体性能，适应环境的变化，更加有效地实现特定的功能目标的过程。

集成管理是一种全新的管理理念及方法，将集成的思想和方法创造性地运用到工程造价管理实践的过程就是工程造价集成管理，即在管理思想上，以集成思想及其基本原理为指导；在管理行为上，以集成的行为机制（方式）和组织机制（方式）为核心；在管理方式上，以集成为基本手段，将管理要素结合成一个有机的整体，实现各要素的协同互补，使得管理行为（活动）整体效能极大提升和变化，从而充分发挥各要素的潜能，促进工程造价行业竞争力的形成和创造。

集成工程造价管理主要有以下三个特征：一是全局性管理，项目全寿命期各个阶段、各个责任实体、各个项目部位等关系都必须纳入管理范围，予以计划和控制；二是内外结合的协调管理，包括职能部门、上级组织和供应商；三是综合性管理，包括管理工作和实施工作的综合协调问题、设计交底、设备采购活动、随时间分布的预算、时间管理和采购管理之间的综合协调。

工程造价集成管理模式的思路是以高效、集中统一的工程造价管理机构，对项目从项目构思到项目报废整个周期的投资效益（果）进行评价，整合有限资源，投资最少，效益最好，环境又得到保护，利益相关方共赢。

思考题

1. 如何理解工程产品价值、成本和价格的关系？
2. 如何理解工程造价管理的概念？
3. 根据信息技术的发展预测工程造价管理未来的发展趋势。

第 4 章

造价工程师岗位能力

4.1 造价工程师岗位核心能力

造价工程师要求具备系统地掌握工程造价管理的基本理论和核心技能；熟悉相关产业的经济政策和法规；具备从事建设工程招标投标，编写工程估价（概预算）经济文件，进行建设项目投资分析、造价确定与控制等工作基本技能；具有编制建设工程设备和材料采购、物资供应计划的能力；具有建设工程成本核算、分析和管理的能力；具有良好的计算机应用能力；工程造价专业培养懂技术、懂经济、会管理的复合型工程造价人才。

4.1.1 核心素质要求

1. 知识结构

（1）基础知识

造价工程师必须做到熟练应用各类工程造价软件，如工程预（决）算软件、计价软件、工程量计算软件等，计算机及相关软件的应用大大减少了造价工程师计算的劳动强度，提高了工作效率和准确率；网络时代，造价工程师大量的工作依赖计算机及其信息系统来完成，尤其是网络信息与共享技术是支持造价人员专业服务的核心，能使造价从业者更便捷、灵活、及时地获取材料价格信息，进行造价信息及工程资料的交流。

（2）专业知识

工程计量和计价知识，工程设计与施工的技术知识，工程管理知识，相关法律知识等。工程造价专业涉及的知识面较广，综合性很强，要求造价工程师既要懂工程技术、又要懂得工程经济和工程项目管理，它是技术与经济的结合。因此，造价人员不应该只满足于完成识图、列项、计算工程量、套定额、组价、取费等工作，应该能够准确地进行各种造价数据的整理，指标分析、成本核算，并能够采取一些切实可行的办法，有效地控制工程造价。

2. 专业素质

（1）职业素质

当下，职业素养已成为评价人的首要因素，专业化的造价工程师的职业特点也要求有高尚的从业素质，主要体现在以下几个方面：

① 要正直、诚实、受人尊敬和有尊严；
② 要公平、公正地为客户提供服务；
③ 努力提高职业技能，维护职业信誉；
④ 建立良好的职业声誉；
⑤ 应该有强烈的责任心；
⑥ 敬职敬业；
⑦ 成就客户；
⑧ 协作共赢；
⑨ 以身作则；
⑩ 培养自己的专业精神。
（2）综合能力
① 系统分析与综合思维能力；
② 有效沟通的能力；
③ 快速应变能力；
④ 敏锐的洞察力；
⑤ 项目管理能力；
⑥ 创新能力；
⑦ 计划与执行能力；
⑧ 团队协作能力；
⑨ 学习总结以及问题解决能力。

4.1.2 岗位通用技能

① 工程识图能力；
② 工程施工工艺及施工技术；
③ 造价专业知识应用能力；
④ 建筑法律、法规应用能力；
⑤ 手工算量及预算编制能力；
⑥ 计算机相关软件应用技能。

4.1.3 岗位专业技能

1. 核心知识

① 掌握本专业必需的建筑力学的基本理论和基本知识；
② 熟悉制图原理，掌握建筑施工图的识图方法；
③ 熟悉房屋建筑的构造原理，掌握房屋构造组成；
④ 了解建筑材料的基本性能、掌握材料检验的基本知识；
⑤ 掌握工程造价及定额基本理论。

2. 关键能力

具有确定工程造价及对工程造价进行控制的能力。

3. 专业单项技能与知识

① 具有确定土建、安装工程造价及招投标的基本知识；
② 具备建筑、结构、安装施工图识图的能力；
③ 具有建筑工程测量、放线的基本能力；
④ 掌握建筑施工技术、建筑施工组织的基本知识；
⑤ 掌握工程监理的基本知识；
⑥ 具有收集、整理、编制施工技术资料的能力；
⑦ 具有建筑工程项目管理、建筑法规的基本知识。

4. 专业综合技能与知识

（1）具备在定额及清单模式下确定工程造价的能力；
（2）具备从事建筑工程项目管理的基本能力，能制定施工组织计划，并能有效组织实施、检查分析；
（3）具备工程资料管理的综合能力。

5. 职业技能证书要求

可通过考试取得一级或二级造价工程师、施工员、资料员、安全员、监理员、制图员、测量员、BIM 建模员、标准员等执业资格证书。

4.1.4 岗位管理技能

（1）领导能力；
（2）任务实施能力；
（3）组织能力；
（4）团队协同能力；
（5）成本预测能力；
（6）成本决策能力；
（7）成本分析能力。

4.2 造价工程师职业规划

建筑人生就业第一课

4.2.1 职业规划概念

职业规划是对个人职业生涯乃至人生进行持续的、系统的计划的过程。一个完整的职业规划由职业定位、目标设定和通道设计三个要素构成。职业规划需要遵循一定的原则，首先需要对自己有清晰的认识和定位，尤其是自己的优势、特质和擅长做的事情，在竞争越来越激烈的商业环境中，每个人都要发挥出自己的特长。热爱所从事的工作，这样的人才是最幸福和最快乐的人，他们也最容易在事业上取得成功。

有职业生涯规划的人会有清晰的发展目标，有目标的人才能抗拒短期的诱惑，有目标的人才会坚定地朝着自己的目标方向努力，有目标的人才会让生活和工作更加充实。目标是决定成败的关键，只有坚定目标，自身才能持续、快速成长；每个人只有找准自己的角色定位才能取得最大的成功，做自己喜欢的事情，做到极致，最容易成功。很多时候失败的人不代表没有能力，而是角色定位不清晰，目标缺失导致的失败。职业生涯规划正是对个人角色的有效定位和对职业目标的有效管理。

4.2.2 职业规划步骤

职业生涯规划影响着个人的发展，有效制定职业规划，能够帮助我们更好地实现自己的理想和目标，职业规划制定核心有 5 个步骤。

1. 确定志向和目标

目标就像登山，我们选择鹫峰还是珠峰，不同的目标决定了我们实现目标的路径和方法。登鹫峰，我们只需要做简单的准备工作即可完成，但我们要攀登珠穆朗玛峰，则需要从心态、技能、经验等方面做好很多准备工作和训练才能实现。

2. 自我评估和分析

要分析自己的性格及优点，目前所掌握的知识、技能，找出差距，结合自己的实际情况，才便于有效地制定学习计划和职业成长路径。

3. 机会评估

针对自我评估结果，充分收集岗位及企业信息、资源，例如：要自己创业，则需要评估外部商业机会是否适合进入，要有一定资金，要有运营公司所需要具备的基本管理技能；若要从事一项工作，就需要评估这个岗位是否适合自己发展，这家公司未来发展如何？经营理念、企业文化、学习机会、未来的职业发展空间如何？总之需要综合评估外部机会，尽可能多地收集行业、企业及岗位信息，以便做出正确的选择。

4. 确定发展路径

在制定目标的过程中，一定要有清晰的路径，避免频繁换行业、频繁跳槽，频繁换岗位，任何的工作，要能很好地胜任，必须经过一定时间磨合、沉淀才能有收获和成长，频繁跳槽，浪费自己成长的时间，这样的方式和想法最不可取。

5. 制定行动计划

针对个人职业目标，需要制定确实可行的学习与成长计划，坚持不懈、持之以恒的努力，不断提升自身能力和技能，不断充实自己，拓展自己的人脉及知识面，积极面对工作中的困难和问题，学会并提高解决问题的能力，不断总结和评估自身能力，及时改善工作中的问题，认准目标，坚定不移地走下去，这样才能获得成功。

4.2.3 职业发展定位

造价工程师综合素质及能力较强，在未来职业发展中，可胜任的岗位也比较多，从岗位级别来分，有作业层、管理层、决策层。

（1）作业层所涉及岗位有资料员、招标员、监理员、造价员、审计员、造价咨询顾问、造价评估工程师等。

（2）管理层有预算或造价经理、成本经理、合约规划经理、造价部门主管等。

（3）决策层有总经济师、总工程师、造价咨询公司经理等等。

从职业发展的目标公司来说，比较能体现专业性的有工程造价咨询单位，工程审计部门、施工企业中涉及工程造价、项目成本管理的部门。

工程造价专业的学生，在校期间，可充分收集与建设领域相关的企业信息及岗位招聘信息，找寻合适的机会，多参与工程项目相关岗位的实习，例如：施工技术、施工组织、算量工作等，以提高工程识图能力、建筑材料询价能力、施工工艺工法、手工算量能力和软件算量能力，分步骤积累与工程造价岗位相关的技能，储备更加广泛的知识面和技能，为今后的职业生涯奠定基础。

4.3 造价工程师岗位资格

4.3.1 造价工程师职业资格

1. 一级造价工程师

（1）一级注册造价工程师是指经全国统一考试合格，取得造价工程师执业资格证书并经注册登记，在建设工程中从事造价业务活动的专业技术人员。

（2）一级造价师考试每年举行一次。考试设四个科目，《建设工程造价管理》、《建设工程计价》、《建设工程技术与计量》（本科目分土建和安装两个专业，考生可任选其一）、《工程造价案例分析》。

（3）报考条件。凡遵守中华人民共和国新宪法、法律法规，具有良好的业务素质和道德品行，具备下列条件之一者，可以申请一级造价工程师职业资格考试：

① 具有工程造价专业大学专科（或高等职业教育）学历，从事工程造价业务工作满 5 年；具有土木建筑、水利、装备制造、交通运输、电子信息、财经商贸大类大学专科（或高等职业教育）学历，从事工程造价业务工作满 6 年。

② 具有通过工程教育专业评估（认证）的工程管理、工程造价专业大学本科学历或学位，从事工程造价业务工作满 4 年；具有工学、管理学、经济学门类大学本科学历或学位，从事

工程造价业务工作满 5 年。

③ 具有工学、管理学、经济学门类硕士学位或者第二学士学位，从事工程造价业务工作满 3 年。

④ 具有工学、管理学、经济学门类博士学位，从事工程造价业务工作满 1 年。

⑤ 具有其他专业相应学历或者学位的人员，从事工程造价业务工作年限相应增加 1 年。

2. 二级造价工程师

（1）二级造价工程师是指通过各省统一考试取得职业资格证书，并经注册后从事建设工程造价工作的专业人员。

（2）建设工程二级造价工程师，由省级造价协会组织。考试设两个科目，《建设工程造价管理基础知识》、《建设工程计量与计价实务》（本科目分土建和安装两个专业，考生可任选其一）。

（3）遵守中华人民共和国新宪法、法律法规，具有良好的业务素质和道德品行，具备下列条件之一者，可以申请二级造价工程师职业资格考试：

① 具有工程造价专业大学专科（或高等职业教育）学历，从事工程造价业务工作满 2 年；具有土木建筑、水利、装备制造、交通运输、电子信息、财经商贸大类大学专科（或，高等职业教育）学历，从事工程造价业务工作满 3 年。

② 具有工程管理、工程造价专业大学本科及以上学历或学位，从事工程造价业务工作满 1 年。

③ 具有工学、管理学、经济学门类大学本科及以上学历或学位，从事工程造价业务工作满 2 年。

④ 具有其他专业相应学历或学位的人员，从事工程造价业务工作年限相应增加 1 年。

4.3.2 造价工程师从业专业

建设工程造价从业资格分为土建和安装两个专业。

（1）土建专业：可以从事各类建设项目主体结构、装饰装修、园林绿化、市政道路、房屋修缮、土石方、构筑物等单位工程各阶段工程造价的编制与审核工作。

（2）安装专业：可以从事各类建设项目管道、电气、设备及工业金属结构安装等单位工程各阶段工程造价的编制与审核工作。

4.3.3 造价工程师执业资格

造价工程师执业资格制度

造价工程师执业资格考试合格者，由各省、自治区、直辖市人事（职改）部门颁发人事部统一印制的、人事部与建设部用印的造价工程师执业资格证书。该证书在全国范围内有效。

取得造价工程师执业资格证书者，须按规定向所在省（区、市）造价工程师注册管理机构办理注册登记手续，造价工程师注册有效期为 4 年。有效期满前 30 日，持证者须按规定到注册机构办理再次注册手续。

4.3.4 造价工程师执业范围

注册造价工程师执业范围包括：

（1）建设项目建议书、可行性研究投资估算的编制和审核，项目经济评价，工程概、预、结算、竣工结（决）算的编制和审核。

（2）工程量清单、招标控制价、投标报价的编制和审核，工程合同价款的签订及变更、调整、工程价款支付与工程索赔费用的计算。

（3）建设项目管理过程中设计方案的优化、限额设计等工程造价分析与控制，工程保险理赔的核查。

（4）工程经济纠纷的鉴定。

思考题

1. 工程造价岗位的核心能力有哪些要求？
2. 报考二级造价工程师有哪些条件？
3. 对造价工程师执业岗位有哪些要求？

第 5 章

造价工程师业务体系

造价工程师业务是指运用科学原理和方法，在统一目标、各司其职的原则下，所进行的全过程、全方位的符合政策和法规的造价编制、管理、控制行为和组织活动。工程造价的业务活动可分为项目前期业务、项目中期业务和项目后期业务。

5.1 项目前期业务

5.1.1 项目经济评价

1. 项目经济评价的概念

项目经济评价是对工程项目的经济合理性进行计算、分析、论证，并提出结论性意见的过程，是工程项目可行性研究工作的一项重要内容，也是最终可行性研究报告的一个重要组成部分。目的是根据国民经济长远规划和地区、部门（或行业）规划的要求，结合建设项目设计要求和工程技术研究，通过计算、分析、论证和多方案比较，提出全面的评价报告，为方案决策和编制设计任务书提供可靠的依据。

2. 项目经济评价的方法

工程项目的经济评价包括企业经济评价和国民经济评价。

前者是从企业的角度进行企业盈利分析，后者是从整个国民经济的角度进行国家盈利分析，根据项目对企业和对国家的贡献情况，确定项目的可行性。对涉及整个国民经济的重大项目和严重影响国计民生的项目，稀缺资源开发和利用的项目，涉及产品或原料、燃料进出口或代替进出口的项目，以及产品和原料价格明显不合理的项目等，除进行企业经济评价外，必须进行详细的国民经济评价。当两者有矛盾时，项目的取舍将取决于国民经济评价。

企业经济评价是项目经济评价的主要组成部分。它从企业角度按现行价格及企业基准收益率进行计算、分析及评价工程项目的投资经济效果，一般采用企业内部收益率及投资回收期作为主要评价指标。

3. 项目经济评价的指标

项目评价指标可以从不同角度进行分类：

（1）按指标反应的经济内容，可以分为时间性指标、价值性指标、比率性指标。

（2）考虑资金时间价值，可以分为静态评价指标和动态评价指标。前者包括投资收益率、静态投资回收期、偿债能力，后者包括内部收益率、净现值、净现值率、净年值、动态投资回收期。

（3）按资金范畴分，可以分为全部投资、总投资、自有资金。

5.1.2 投资估算编制

1. 投资估算编制的内容

（1）工程概况。

（2）编制范围。

（3）编制方法。

（4）编制依据。

（5）主要技术经济指标。

（6）有关参数、率值选定的说明。

（7）特殊问题的说明（包括有新技术、新材料、新设备、新工艺时，必须说明价格的确定；进口材料、设备、技术费用的构成与计算基数；采用巨型结构、异性结构的费用估算方法；环保（不限于）投资占总投资的比重；未包括项目或费用的必要说明等）。

（8）采用限额设计的工程还应对投资限额和投资分解做进一步说明。

（9）采用方案必选的估算和经济指标做进一步说明。

2. 投资估算编制的方法

常用的估算方法有资金周转率法、生产能力指数法、比例估算法（适用于设备投资占比大的项目）、综合指标投资估算法、建设投资分类估算法、流动资金估算法等。

5.1.3 设计概算编制

设计概算可分为单位工程概算、单项工程综合概算和建设项目总概算三级。设计概算的编制，是从单位工程概算这一级编制开始，经过逐级汇总而成。

1. 设计概算编制的方法

（1）单位建筑工程概算的编制方法

① 概算定额法。

② 概算指标法。

③ 类似工程预算法。

（2）单位设备安装工程概算的编制方法

① 预算单价法。

② 扩大单价法。

③ 设备价值（安装设备）百分比法。
④ 综合吨位指标法。

2. 设计概算编制的依据

（1）国家发布的有关法律、法规、规章、规程等。
（2）批准的可行性研究报告及投资估算、设计图纸等有关资料。
（3）有关部门颁布的现行概算定额、概算指标、费用定额等和建设项目设计概算编制办法。
（4）有关部门发布的人工、设备材料价格、运杂费率和造价指数等。
（5）有关合同、协议等。
（6）类似工程的概算文件和技术经济指标与其他有关资料。

3. 设计概算的作用

（1）确定和控制建设项目投资及编制建设项目投资计划的依据。
（2）衡量设计方案技术经济合理性和选择最佳设计方案的依据。
（3）签订建设工程合同和贷款合同的依据。
（4）控制施工图设计和施工图预算的依据。
（5）工程造价管理及编制招标标底和投标报价的依据。
（6）考核和评价建设项目成本和投资效果的依据。

5.1.4 投资控制工作

（1）监理工程师要按施工合同的规定和国家、省、市现行预算文件、定额和单价，分阶段严格审核施工单位提交的施工图预算，并进行动态控制。

（2）质量监理工程师必须严格控制变更工程，校核工程设计，分析设计和施工方案中存在的问题，并提出合理化建议，以有效地控制工程投资。

（3）投资监理工程师确认造价增减，审核施工单位完成的工程量及单价、收费，控制工程变更，必要时，图纸外的变更要先出方案和预算，确定合理的单价，审批后执行。

（4）进度监理工程师通过审核施工组织设计、施工方案和图纸会审，合理组织施工，避免不必要的赶工费用。投资监理工程师要负责审核施工单位的经济索赔。

5.2 项目中期业务

5.2.1 施工图预算编制

1. 施工图预算编制的内容

施工图预算由预算表格和文字说明组成。工程项目（如工厂、学校等）总预算包含若干个单项工程（如车间、教室楼等）综合预算；单项工程综合预算包含若干个单位工程（如土建工程、机械设备及安装工程等）预算。按费用构成分，施工图预算由分部分项工程费、措施项目费、其他项目费、规费、税金等5项费用构成。

2. 施工图预算的编制方法

包括套用地区单位估价表的定额单价法；根据人工、材料、机械台班的市场价及有关部门发布的其他费用的计价依据按实计算的实物法；根据工程量清单计价规范的工程量清单单价法。使用国有资金的项目必须采用工程量清单单价法。

3. 施工图预算的用途

施工图预算是设计文件的重要组成部分，是设计阶段控制工程造价的主要指标，由有资格的设计、工程（造价）咨询单位负责编制。

作为招标控制价用，由业主单位或者招标代理机构委托有资质的造价编制单位编制。

作为投标报价用，由投标单位编制。

作为内部成本控制或者项目计划用，由成本控制部门或计划部门编制（或委托他人编制）。

4. 施工图预算编制的依据

（1）施工图纸。

（2）现行的预算定额或地区单位估价表。

（3）经过批准的施工组织设计或施工方案。

（4）地区取费标准（或间接费定额）和有关动态调价文件。

（5）工程的承包合同（或协议书）、招标文件。

（6）最新市场材料价格。

（7）预算工作手册。

（8）有关部门批准的拟建工程概算文件。

5. 施工图预算编制的原则

（1）熟悉基础资料。

（2）计算工程量的项目应与现行定额的项目一致。

（3）工程量的计量单位必须与现行定额的计量单位保持一致。

（4）必须严格按照施工图纸和定额规定的计算规则进行计算。

（5）工程量的计算应采用表格形式。

6. 施工图预算编制的程序

（1）熟悉施工图纸、参加图纸会审、解决疑难问题。

（2）了解和掌握地质勘探报告、已批准的施工组织设计或施工方案中的有关问题、与编制施工图预算有关的几项内容。

（3）确定并准备有关综合基价、文件、规定及有关标准图集、资料。

（4）计算工程量。

（5）定额基价换算计算。

（6）一次性补充定额基价计算。

（7）套用定额基价、编制工程预算表。

（8）编制工程造价计算总表。

（9）复核。

（10）填写编制说明并加封面装订签章。

7. 施工图预算的作用

（1）施工图预算对建设单位的作用。施工图预算是施工图设计阶段确定建设工程项目造价的依据，是设计文件的组成部分；施工图预算是建设单位在施工期间安排建设资金计划和使用建设资金的依据；施工图预算是招投标的重要基础，既是工程量清单的编制依据，也是招标控制价编制的依据，施工图预算是拨付进度款及办理结算的依据。

（2）施工图预算对施工单位的作用。施工图预算是确定投标报价的依据；施工图预算是施工单位进行施工准备的依据；是施工单位在施工前组织材料、机具、设备及劳动力供应的重要参考；是施工单位编制进度计划、统计完成工作量、进行经济核算的参考依据；施工图预算是控制施工成本的依据。

（3）施工图预算对其他方面的作用。对于工程咨询单位而言，尽可能客观、准确地为委托方做出施工图预算，是其业务水平、素质和信誉的体现；对于工程造价管理部门而言，施工图预算是监督检查执行定额标准、合理确定工程造价、测算造价指数及审定招标工程标底的重要依据。

5.2.2 工程量清单编制

1. 工程量清单编制的内容

一份完整的工程量清单主要包括以下 3 个部分：分部分项工程量清单、措施项目清单以及其他项目清单。如果需要，还可以把主要材料表作为附录。

分部分项工程量清单是标明招标工程所有分项的实体工程名称以及与之相应的数量的工程清单；措施项目清单指的是为了完成分部分项工程而必须要采取的措施的具体方案清单；其他项目清单则指的是招标人根据拟建工程具体情况列出的清单，包括预留金、材料购置费、总承包服务费、零星工作项目费等。

2. 工程量清单编制的依据

（1）《建设工程工程量清单计价规范》（GB 50500—2013）和专业计量规范。

（2）国家或省级、行业建设主管部门颁发的计价依据和办法。

（3）建设工程设计文件。

（4）与建设工程项目有关的标准、规范、技术资料。

（5）招标文件及其补充通知、答疑纪要。

（6）施工现场情况、工程特点及常规施工方案。

（7）其他相关资料。

3. 工程量清单的作用

工程量清单是工程计价的基础，应作为编制招标控制价、投标报价、计算工程量、支付工程款、调整合同价款、办理竣工结算以及工程索赔等的依据。工程量清单的主要作用如下：

（1）为投标人的投标竞争提供了一个平等和共同的基础。

（2）是建设工程计价的基础。

（3）是工程付款和结算的依据。

（4）是调整工程量、进行工程索赔的依据。

5.2.3 招标控制价编制

1. 招标控制价编制的内容

（1）分部分项工程费。

（2）措施项目费。

（3）其他项目费。

（4）规费。

（5）税金。

2. 招标控制价编制的方法

（1）分部分项工程费应根据招标文件中的分部分项工程量清单项目的特征描述及有关要求，按规定确定综合单价进行计算。综合单价中应包括招标文件中要求投标人承担的风险费用。招标文件提供了暂估单价的材料，按暂估的单价计入综合单价。

（2）措施项目费应按招标文件中提供的措施项目清单确定，措施项目采用分部分项工程综合单价形式进行计价的工程量，应按措施项目清单中的工程量，并按规定确定综合单价；以“项”为单位的方式计价的，按规定确定除规费、税金以外的全部费用；措施项目费中的安全文明施工费应当按照国家或省级、行业建设主管部门的规定标准计价。

（3）其他项目费应按下列规定计价。

① 暂列金额。暂列金额由招标人根据工程特点，按有关计价规定进行估算确定。为保证工程施工建设的顺利实施，在编制招标控制价时应对施工过程中可能出现的各种不确定因素对工程造价的影响进行估算，列出一笔暂列金额。暂列金额可根据工程的复杂程度、设计深度、工程环境条件（包括地质、水文、气候条件等）进行估算，一般可按分部分项工程费的10%～15%作为参考。

② 暂估价。暂估价包括材料暂估价和专业工程暂估价。暂估价中的材料单价应按照工程造价管理机构发布的工程造价信息或参考市场价格确定；暂估价中的专业工程暂估价应分不同专业，按有关计价规定估算。

③ 计日工。计日工包括计日工人工、材料和施工机械。在编制招标控制价时，对计日工中的人工单价和施工机械台班单价应按省级、行业建设主管部门或其授权的工程造价管理机构公布的单价计算；材料应按工程造价管理机构发布的工程造价信息中的材料单价计算，工程造价信息未发布单价的材料，其价格应按市场调查确定的单价计算。

④ 总承包服务费。招标人应根据招标文件中列出的内容和向总承包人提出的要求，参照下列标准计算：

a. 招标人权要求对分包的专业工程进行总承包管理和协调时，按分包的专业工程估算造价的 1.5%计算。

b. 招标人要求对分包的专业工程进行总承包管理和协调，并同时要求提供配合服务时，根据招标文件中列出的配合服务内容和提出的要求，按分包的专业工程估算造价的 3%～5%计算。

c. 招标人自行供应材料的，按招标人供应材料价值的 1%计算。

（4）招标控制价的规费和税金必须按国家或省级、行业建设主管部门的规定计算。

3. 招标控制价编制的依据

（1）《建设工程工程量清单计价规范》。

（2）国家或省级、行业建设主管部门颁发的计价定额和计价办法。

（3）建设工程设计文件及相关资料。

（4）招标文件中的工程量清单及有关要求。

（5）与建设项目相关的标准、规范、技术资料。

（6）工程造价管理机构发布的工程造价信息，工程造价信息没有发布的参照市场价。

（7）其他相关资料。主要指施工现场情况、工程特点及常规施工方案等。

按上述依据进行招标控制价编制，应注意以下事项：

① 使用的计价标准、计价政策应是国家或省级、行业建设主管部门颁布的计价定额和相关政策规定。

② 采用的材料价格应是工程造价管理机构通过工程造价信息发布的材料单价，工程造价信息未发布材料单价的材料，其材料价格应通过市场调查确定。

③ 国家或省级、行业建设主管部门对工程造价计价中费用或费用标准有规定的，应按规定执行。

4. 招标控制价编制的原则

（1）中国对国有资金投资项目的原则是投资控制实行的投资概算审批制度，国有资金投资的工程原则上不能超过批准的投资概算。

（2）国有资金投资的工程进行招标，根据《中华人民共和国招标投标法》的规定，招标人可以设标底。

（3）国有资金投资的工程，招标人编制并公布的招标控制价相当于招标人的采购预算，同时要求其不能超过批准的概算。因此，招标控制价是招标人在工程招标时能接受投标人报价的最高限价。

5. 招标控制价编制的程序

（1）了解编制要求与范围。

（2）熟悉施工图纸和有关文件。

（3）熟悉与建设工程有关的标准、规范、技术资料。

（4）熟悉拟定的招标文件及其补充通知、答疑纪要等。
（5）了解施工现场情况和工程特点。
（6）熟悉工程量清单。
（7）工程造价汇总、分析、审核。
（8）成果文件确认、盖章。
（9）提交成果文件。

6. 招标控制价的作用

（1）有利于招标人有效控制项目投资，防止恶性投标带来的投资风险。
（2）有利于增强招标过程的透明度，有利于正常评标。
（3）有利于引导投标方投标报价，避免投标方在无标底情况下的无序竞争。
（4）招标控制价反映的是社会平均水平，为招标人判断最低投标价是否低于成本提供参考依据。
（5）可为工程变更新增项目确定单价提供计算依据。
（6）作为评标的参考依据，避免出现较大偏离。

5.2.4 投标报价编制

1. 投标报价编制的内容

（1）工程量清单报价书封面。
（2）投标总报价。
（3）投标报价说明。
（4）工程项目投标总价表。
（5）单项工程造价汇总表。
（6）单位工程造价汇总表。
（7）分部分项工程量清单与计价表。
（8）工程量清单综合单价分析表。
（9）单价措施项目清单计价表。
（10）总价措施项目清单计价表。
（11）其他项目清单计价表。
（12）其他项目清单与计价汇总表。
（13）暂列金额明细表。
（14）材料暂估单价表。
（15）专业工程暂估价表。
（16）计日工表。
（17）总承包服务费计价表。
（18）规费、税金项目清单与计价表。
（19）主要材料、设备价格表。

（20）需评审材料表。
（21）降低投标报价的说明、证明材料。

2. 投标报价编制的依据

（1）招标文件。
（2）招标人提供的设计图纸及有关的技术说明书等。
（3）工程所在地现行的定额及与之配套执行的各种造价信息、规定等。
（4）招标人书面答复的有关资料。
（5）企业定额、类似工程的成本核算资料。
（6）其他与报价有关的各项政策、规定及调整系数等。

3. 投标报价编制的原则

（1）以招标文件中设定的发承包双方责任划分，作为考虑招标报价费用项目和费用计算的基础；根据工程发承包模式考虑投标报价的费用内容和计算深度。
（2）以施工方案、技术设施等作为投标报价计算的基础条件。
（3）以反映企业技术和管理水平的企业定额作为计算人工、材料和机械台班消耗量的基本依据。
（4）充分利用现场考察、调研成果、市场价格信息和行情资料，编制基价，确定调价方法。
（5）报价计算方法要科学严谨，简明适用。

4. 投标报价编制的程序

（1）计算和复核工程量。
（2）确定单价，计算单价。
（3）确定分包工程费。
（4）确定利润。
（5）确定投标价。

5.2.5 成本分析与控制

1. 成本控制的分类

从成本发生的时间来划分，可分为预算成本、计划成本和实际成本。

2. 成本控制的程序

成本控制包括成本预测、实施、核算、分析、考核、整理成本资料与编制成本报告，具体程序如下：
（1）由项目经理部、造价管理部等相关人员共同确定项目成本计划。
（2）项目经理部、造价管理部编制目标成本。
（3）项目经理实施目标成本。

（4）由财务部、物资部、生产管理部、造价控制部共同审定项目成本报告，监督目标成本的实施情况。

（5）项目经理部、生产管理部、合同预算部、工程财务部对反馈的工程信息进行分析考核。

3. 成本控制的原则

（1）成本最低化原则。

（2）全面控制原则。

（3）动态控制原则。

（4）责、权、利相结合原则。

（5）节约原则。

（6）目标原则。

4. 成本控制的具体措施

（1）提高项目人员的整体素质和责任感。

（2）加强施工阶段的各项合同管理。

（3）对人工费、材料费、机械费的控制。

（4）做好其他成本控制工作。

（5）把好结算关。

5.3　项目后期业务

5.3.1　工程结算编制

1. 工程结算编制的内容和程序

（1）工程结算委托业务意向洽谈，了解情况商定工作内容、价格及付款条件；签订工程结算《建设工程造价咨询合同》，咨询人向委托人提供工程结算所需资料清单；委托人整理工程结算所必需的资料。

（2）正式移交整理好的工程结算所必需的资料，咨询人熟悉整理好的资料，可提出资料完善意见，应就工程结算方面的问题进行技术交底；咨询人踏勘现场并形成工程结算（编制）前会议纪要及踏勘现场记录。

（3）咨询人实施咨询业务；必要时再次召开了解情况咨询会或看现场讨论补充资料。

（4）电子版草稿沟通，委托人提出修改意见；修改电子版草稿，委托人初步确认（咨询人催要部分咨询费）。

（5）出具初稿一份，并按咨询合同约定收取对应的咨询费用。

（6）委托人查看初稿或请第三方查看并提出修改意见；委托人上报建设方查看工程结算初稿。

（7）建设方查看完工程结算初稿，提出书面异议或意见给委托人，商定对账安排。

2. 工程结算编制的方法

（1）合同价格包干法。

（2）合同价增减法。

（3）工程量清单计价法。

（4）竣工图计算法。

（5）平方米造价包干法。

3. 工程结算编制的依据

（1）国家有关法律、法规、规章制度和相关的司法解释。

（2）国务院建设行政主管部门以及各省、自治区、直辖市和有关部门发布的工程造价计价标准、计价办法、有关规定及相关解释。

（3）施工承包合同、专业分包合同及补充合同，有关材料、设备采购合同。

（4）招投标文件，包括招标答疑文件、投标承诺、中标报价书及其组成内容。

（5）工程竣工图或施工图、施工图会审记录，经批准的施工组织设计，以及设计变更、工程洽商和相关会议纪要。

（6）经批准的开、竣工报告或停、复工报告。

（7）建设工程工程量清单计价规范或工程预算定额、费用定额及价格信息、调价规定等。

（8）工程预算书。

（9）影响工程造价的相关资料。

（10）安装工程定额基价。

（11）结算编制委托合同。

4. 工程结算编制的原则

（1）必须具备竣工结算的条件，要有工程验收报告，对于未完工程、质量不合格的工程不能结算；需要返工重做的，应返工修补合格后，才能结算。

（2）严格执行国家和地区的各项有关规定。

（3）实事求是，认真履行合同条款。

（4）编制依据充分，审核和审定手续完备。

（5）工程结算要本着对国家、建设单位、施工单位认真负责的精神，做到既合理又合法。

5.3.2 竣工决算编制

在工程进度款结算的基础上，根据所收集的各种设计变更资料和修改图纸，以及现场签证、工程量核定单、索赔等资料进行合同价款的增减调整计算，最后汇总为竣工结算造价。

竣工结算是在工程竣工并经验收合格后，在原合同造价的基础上，将有增减变化的内容，按照施工合同约定的方法与规定，对原合同造价进行相应的调整，编制确定工程实际造价并作为最终结算工程价款的经济文件。

1. 竣工决算编制的内容

（1）竣工决算报告情况说明书。
（2）竣工财务决算报表。
（3）建设工程竣工图。
（4）工程造价比较分析。

2. 竣工决算编制的依据

（1）《建设工程工程量清单计价规范》（GB 50500—2013）。
（2）施工合同（工程合同）。
（3）工程竣工图纸及资料。
（4）双方确认的工程量。
（5）双方确认追加（减）的工程价款。
（6）双方确认的索赔、现场签证事项及价款。
（7）投标文件。
（8）招标文件。
（9）其他依据。

3. 竣工决算编制的原则

（1）工程完工后，发、承包双方应在合同约定时间内办理工程竣工结算。合同中没有约定或约定不清的，按《建设工程工程量清单计价规范》（GB 50500—2013）中相关规定实施。

（2）工程竣工结算由承包人或受其委托具有相应资质的工程造价咨询人编制，由发包人或受其委托具有相应资质的工程造价咨询人核对。

4. 竣工决算编制的程序

（1）收集、整理和分析有关依据资料。
（2）清理各项财务、债务和结余物资。
（3）填写竣工决算报表。
（4）编制建设工程竣工决算报表。
（5）做好工程造价对比分析。

5. 编制竣工决算的作用

竣工决算是以实物数量和货币指标为计量单位，综合反映竣工项目从筹建开始到项目竣工交付使用为止的全部建设费用、建设成果和财务情况的总结性文件，是竣工验收报告的重要组成部分。

5.3.3 财政评审工作

1. 财政评审工作的主要内容

财政评审工作主要包括财政投资项目预（概）算、竣工决（结）算、财政专项资金项目的投资评审。

（1）预结算审查的内容

① 建设项目及其概算是否经有关部门批准。

② 施工图设计的建设规模、内容、标准是否符合批准的初步设计要求。

③ 建设项目工程预算是否完整，是否控制在批准的概算之内，是否经济合理。

④ 工程量的计算、定额的套用与换算、费用和费率的记取是否正确。

⑤ 材料、设备的取价是否合理。

（2）工程决算审核的主要内容

① 基本建设程序是否完备（有无立项、初步设计、工程预算批文，项目法人责任制、招投标制、合同制和工程监理制等是否符合基本建设管理制度的要求）。

② 工程财务制度执行情况（资金来源到位和使用情况，有无截留挪用工程款的现象，有无拖欠农民工工资现象）。

③ 工程量的计算、定额的套用与换算、费用和费率的记取是否准确。

④ 设备价格是否合理，应当纳入政府采购的是否按规定程序进行。

⑤ 待摊投资中列支的各项费用是否属于开支范围，是否符合规定的控制标准，取得的支出凭证是否合法有效。

⑥ 交付使用资产成本计算是否准确，交付使用资产是否符合条件，有无虚报完成及虚列债务或转移基建资金等情况。

⑦ 转出投资、待核销基建支出是否合理合法，成本计算是否正确。

⑧ 收尾工程是否属于批准的建设内容，预留费用是否合理真实。

⑨ 工程财务管理和会计核算是否符合制度规定。

⑩ 竣工决算是否超概算、超规模、超标准。

2. 财政评审工作的原则

评审工作必须坚持“客观、公正、廉洁和高效”的原则。是否做到客观、公正、廉洁和高效，关系到政府和评审机构的信誉和形象。这就要求评审人员必须坚持客观原则，依法评审，以国家规范、规定和计算标准为依据，做好调查研究，排除人为干扰，实事求是，该核减的就核减，该调增的就调增；同时，评审人员办事要公平，一视同仁，公开办事程序，增加透明度。要以理服人，允许有不同的意见，通过摆事实讲道理来达到协商统一，维护国家和施工单位的合法权益。

3. 财政评审工作的范围

工程项目的评审工作贯穿在建设项目的全过程，从项目的前期决策阶段（投资估算）、初步设计阶段（设计概算）、施工图阶段（施工图预算）到竣工验收阶段（结、决算）。

根据有关资料显示，影响项目投资最大的阶段，是技术设计结束前的工作阶段，约占项目建设周期的四分之一。影响项目投资的可能性，在初步设计阶段即概算为 75%～95%，在技术设计阶段为 35%～75%，在施工图设计阶段为 5%～35%。很显然，项目投资控制的关键在于投资决策和设计阶段，而在项目做出投资决策后，项目投资控制的关键则在于设计。长期以来，我国普遍忽视工程建设项目前期工作阶段的投资控制，把项目投资控制的主要精力放在施工阶段，即事中控制，审核工程预结算，算细账。这样做尽管也有效果，但毕竟是“亡羊补牢”，事倍功半。为了有效地控制项目投资，必须把工作重点放在项目前期阶段上，尤其是设计阶段，变事后控制为事前控制，未雨绸缪，以取得事半功倍的效果。

5.4 全过程工程咨询

全过程工程咨询是对工程建设项目前期研究和决策以及工程项目实施和运行（或称运营）的全生命周期提供包含设计和规划在内的涉及组织、管理、经济和技术等各有关方面的工程咨询服务。

5.4.1 全过程工程咨询服务范围及内容

全过程工程咨询是对工程建设项目的全生命周期提供包含设计和规划在内的涉及组织、管理、经济和技术等各有关方面的工程咨询服务。如图 5.1 所示。

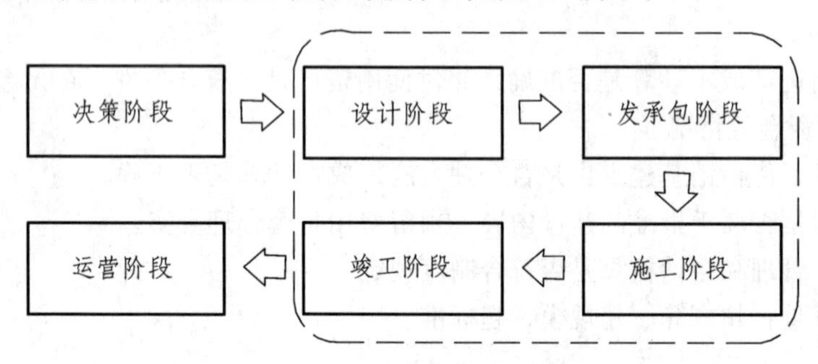

图 5.1 全过程工程咨询模式

全过程工程项目管理：项目全生命周期的策划管理、报建报批、勘察管理、设计管理、合同管理、投资管理、招标采购管理、施工组织管理、验收管理及质量、计划、安全、沟通、风险、人力资源等管理与协调。

造价人员在各阶段可以实施的工程咨询服务内容：

（1）决策阶段：投资估算编审；项目经济评价报告编审。

（2）设计阶段：设计概算编审；确定项目限额设计指标；对设计文件进行造价测算与经济优化建议；施工图预算的编制与审核；分析项目投资风险，提出管控措施。

（3）发承包阶段：工程量清单编审；招标控制价编审；制定项目合约规划；清标；拟定合同文本，协助合同谈判；编制项目资金施工计划。

（4）施工阶段：合同价款咨询（含合同分析、合同交底、合同变更管理工作）；施工阶段造价风险分析及建议；计算及审核工程预付款进度款；变更、签证及索赔管理；材料设备询价、提供核价建议；施工现场造价管理；项目动态造价分析；审核及汇总分阶段工程结算。

（5）竣工阶段：竣工结算审核；工程技术经济指标分析；竣工决算报告编审；配合完成竣工结算的政府审计；根据审计结果，对工程最终结算价款审定。

（6）运营阶段：项目维护与更新造价管控。

5.4.2 全过程工程咨询人才能力要求

2019 年 3 月，由国家发展改革委、住房城乡建设部发布的《关于推进全过程工程咨询服务发展的指导意见》(发改投资规〔2019〕515 号)，文件中提出了全过程工程咨询的实施内容，同时在文件中还明确提出了全过程工程咨询人才的培养，“咨询单位要重视全过程工程咨询项目负责人及相关人才培养，加强技术、经济、管理、法律的知识培训，培养一批符合全过程工程咨询服务需求的综合型人才。”

造价咨询企业转型去从事全过程工程咨询，去培养全过程工程咨询人才。要厘清全过程工程咨询能力要求，需要先看看现阶段做传统造价咨询所需要具备的能力要素。

由中价协主编的《工程造价专业人才培养与发展战略研究报告》中对企业的人才进行了划分，分别为基础人才、骨干人才、领军人才。

1. 基础人才能力标准

(1)具备基础识图、理论与施工现场情况有效运用能力；
(2)掌握清单规范、定额、取费标准组成和计算方法；
(3)具备工程计量计价能力，掌握各类计价文件的编制能力；
(4)具备招投标文件编制能力；
(5)具备工程造价分析、控制能力。

2. 骨干人才能力标准

(1)相关法律法规、国家政策及行业标准应用能力；
(2)项目建议书和可行性研究报告的编审能力；
(3)优化建设方案并对项目进行经济评价的能力；
(4)对设计方案及施工组织设计进行技术经济论证、优化能力；
(5)工程计量计价能力，掌握各类计价文件编审能力；
(6)全过程造价管理能力，协调各参与方关系及解决问题能力；
(7)合同价款管理能力；结算纠纷处理能力；
(8)项目后评价的编制能力；
(9)工程造价经济鉴定能力。

项目融资模式概述

3. 领军人才能力标准

(1)具有项目融资操作能力；
(2)具有项目价值、风险管理能力；
(3)具有项目前期决策及解决工程经济纠纷鉴定能力；
(4)掌握新型信息化技术，例如：BIM 技术、大数据、O2O 思维等；
(5)熟悉并掌握国际先进的技术及管理模式，例如：PPP 模式、EPC 模式。

以上三组能力模型是传统的全过程造价咨询，从传统的全过程造价咨询到全过程工程咨询，需要造价专业人才具备以下七大能力，分别为：前期策划与评价能力、设计阶段策划与优化能力、招采合同策划管理能力、施工阶段策划与管控能力、EPC 项目全过程工程咨询能力、PPP项目全过程工程咨询能力、BIM辅助全过程工程咨询能力。

思考题

1. 全过程造价管理有哪些具体业务？
2. 职业生涯中要想涉足所有的造价业务应该怎么做？
3. 刚毕业的造价专业学生能做哪些造价业务？
4. 由全过程造价咨询到全过程工程咨询，我们需要具备哪些能力？
5. 展望未来，你要成为一名专业的工程咨询顾问，需要具备哪些能力？

第 6 章

造价工程师人才培养

6.1 造价工程师培养定位

6.1.1 工程造价专业培养目标

工程造价专业是教育部根据国民经济和社会发展的需要而新增设的热门专业之一，是以经济学、管理学为理论基础，以工程项目管理理论和方法为主导的社会科学与自然科学相交的边缘学科。

工程造价专业培养适应社会主义现代化建设需要，德、智、体、美、劳全面发展，掌握建设工程领域的基本技术知识，掌握与工程造价管理相关的管理、经济、法律等基础知识，具有较高的科学文化素养、专业综合素质与能力，具有正确的人生观和价值观，具有良好的思想道德、创新精神和国际视野，全面获得工程师基本训练，能够在建设工程领域从事工程建设全过程造价管理的高级专门人才。

工程造价专业毕业生能够在建设工程领域的勘察、设计、施工、监理、投资、招标代理、造价咨询、审计、金融及保险等企事业单位、房地产领域的企事业单位和相关政府部门，从事工程决策分析与经济评价、工程计量与计价、工程造价控制、工程建设全过程造价管理与咨询、工程合同管理、工程审计、工程造价鉴定等方面的技术与管理工作。

6.1.2 工程造价专业教育理念

工程造价专业培养的是懂技术、懂经济、会经营、善管理的复合型高级工程造价人才；要求工程造价专业人员既要掌握设计、构造、技术方面知识，还要掌握材料及市场信息和动态；对工程运行背景和整体环境有充分认识，并能对工程造价进行整体掌控；要能系统地掌握工程造价管理的基本理论和技能；熟悉有关产业的经济政策和法规；具有较高的外语和计算机应用能力；能够编制有关工程定额；具备从事建设工程招标投标，编写各类工程估价（概预算）经济文件，进行建设项目投资分析、造价确定与控制等工作基本技能；具有编制建设工程设备和材料采购、物资供应计划的能力；具有建设工程成本核算、分析和管理的能力，并受到科学研究的初步训练。

工程造价专业培养德、智、体、美、劳全面发展，具备扎实的高等教育文化理论基础，适应我国和地方区域经济建设发展需要，具备管理学、经济学和土木工程技术的基本知识，掌握现代工程造价管理科学的理论、方法和手段，获得造价工程师、咨询（投资）工程师的基本训练，具有工程建设项目投资决策和全过程各阶段工程造价管理能力，有实践能力和创新精神的应用型高级工程造价管理人才。

6.1.3　工程造价专业学科特点

工程造价专业是一个以工程技术为背景，多学科交叉的应用型学科，实践性强，涵盖面广，发展快。它的特点主要体现在两个方面。

（1）整合知识和综合能力。工程造价的编制过程需要用到工程技术、经济、管理、法律等知识，具体到实际工程，往往需要把各种理论和方法综合运用才能解决与建设过程有关的实际问题，这个过程是将各种知识整合的过程。

（2）多样性和系统性。投资主体（政府、企业、私人等）的多元化和工程项目（商业、办公、住宅、工厂、市政交通项目等）的多样化造成工程造价确定方式方法的多样性和造价管理的系统性。

此外，工程造价本身的特点也决定了工程造价专业学科的另外一些特点，具体体现如图 6.1 所示。

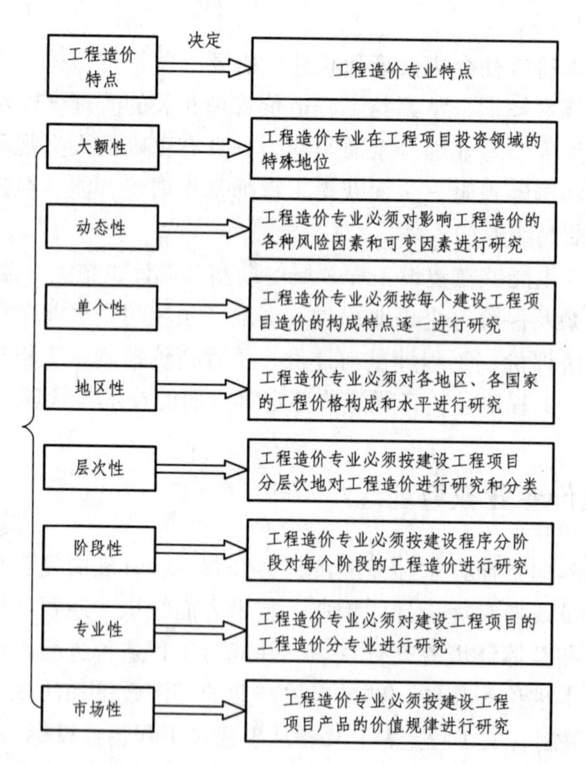

图 6.1　工程造价本身特点决定的工程造价专业的特点

6.2 造价工程师人才需求

6.2.1 造价工程师的素质要求

1. 国际上对工程人才的素质要求

素质,《辞海》对它的定义为:（1）人的生理上的原来的特点;（2）事物本来的性质;（3）完成某种活动所必需的基本条件。在专业人才培养方面的意义应取第三种定义，也就是毕业生做好某种专业活动所需具备的基本条件。

工程造价作为一门以工程技术为基础建立的交叉学科，属于大工程的范畴。美国工程与技术认证委员会（ABET）对大工程范畴人才的培养提出了 11 条评估标准:

（1）有应用数学、科学与工程等知识的能力。

（2）有进行设计、实验分析与数据处理的能力。

（3）有根据需要去设计一个部件、一个系统或一个过程的能力。

（4）有经过多种训练的综合能力。

（5）有验证、指导及解决工程问题的能力。

（6）有对职业道德及社会责任的了解。

（7）具备有效的表达与交流的能力。

（8）懂得工程问题对全球环境和社会的影响。

（9）具备终身学习的能力。

（10）具有有关当今时代问题的知识。

（11）有应用各种技术和现代工程工具去解决实际问题的能力。

这 11 条标准重点强调了工程实践能力，同时对多学科的背景、多方面的能力、职业道德以及社会责任感也做了要求。这些标准同样可以作为我国工程界人才培养标准的一个参考。新世纪对工程人才的需求已不仅仅局限于技术上狭窄的工程教育，多学科的交叉背景、多方面的综合能力的培养是新世纪对人才的新要求。

2. 我国对工程造价专业人才的具体要求

与美国大工程观对应，在 20 世纪末我国提出了素质教育的理论，并开始着重探索这种教育思想，它强调的是对学生潜能、个性等基本素质的培养。多年的探索与实践证明，素质教育比传统教育更有利于学生能力的培养和潜力的激发。对工程造价专业人才的培养必须紧跟素质教育的步伐。跨入 21 世纪，在建筑业与房地产业领域，随着新理念、新工艺、新技术、新材料、新方法的不断出现，新的挑战也不断出现，面对不断变化的形势，专业的发展对专业人才的素质要求也越来越高。具体到工程造价专业，素质的要求应包括以下几个方面:

（1）思想道德素质

思想是行动的先导，而道德是立身之本。一个思想道德素质高的人能够在工作中赢得别人充分的信任和良好的合作，在复杂的社会中取得立足之地。企业和单位在选拔录用毕业生时，都会很在意思想道德素质，虽然这种素质很难准确衡量，但是人的思想道德素质会体现在人的一言一行中。因此，平时的学习生活过程中必须注意思想道德方面素质的培养。

从培养目标来看，要求培养对象在政治方面热爱社会主义，拥护中国共产党的领导和国家路线方针，愿为国家富强、民族昌盛而奋斗。在思想品质方面乐观、积极、向上。在道德品质方面具有良好的思想品德、社会公德和职业道德，遵纪守法。

（2）专业素质

专业素质包括扎实的理论基础、熟练的专业技能、全面的业务能力，它是工程造价专业人才素质中的核心内容，培养目标要求培养对象毕业后，能成为在国内外工程建设领域从事项目决策以及全过程各阶段造价管理的应用型高级经济技术管理人才，这就要求他们在可行性研究、造价管理、项目管理、合同管理、财务管理、工程咨询、招标投标、成本控制、索赔、程序分析、纠纷解决、保险咨询等方面都能提供服务，为了满足这方面的要求，必须具备以下多方面的知识和能力：

① 掌握基础学科理论知识，熟悉建设工程，尤其是土木工程的基本理论与知识。

② 了解有关建筑经济的基本原理，掌握经济学、工程经济、财务管理的基本理论与知识。

③ 掌握工程项目管理和企业管理的基本理论与方法。

④ 熟悉工程项目建设相关的政策、法律、法规、条例和规范等。

⑤ 掌握工程项目投资分析和工程造价管理的理论与方法。

⑥ 具有运用计算机解决工程造价管理问题的能力。

⑦ 掌握文献检索、资料查询的基本方法，具有初步的科学研究的能力。

⑧ 具有一定的外语基础，能阅读工程造价方面的外文文献。

⑨ 具有较强的自学能力、语言与文字表达能力、人际沟通能力和一定的社会活动能力。

（3）身体素质

现代社会生活节奏快，工作压力大，没有健康的体魄是很难适应的。从个人发展的角度，身体是一切活动的资本，没有健康的身体，对很多事情你只能望而却步，再好的才华也无用武之地；从用人单位的角度看，用人单位都希望自己的员工能健康地工作，而不希望看到他们经常请病假。身体有疾病的员工不但会耽误自己的工作，还有可能对单位的其他同事造成影响。因此，要掌握科学锻炼身体的基本技能，坚持科学的体育锻炼，养成良好的生活习惯和卫生习惯，让身体处于一种健康的状态。

（4）心理素质

从广义上讲，心理健康是指一种高效而满意的、持续的心理状态。从狭义上讲，心理健康是指人的基本心理活动的过程，内容完整、协调一致，即认识、情感、意志、行为、人格完整和协调，能适应社会，与社会保持同步。健康的心理是一个人事业取得成功的重要因素，一个心理健康的人具有充分的适应力，能充分地了解自己，并对自己的能力做出适度的评价；生活的目标切合实际，不脱离现实环境，能保持人格的完整与和谐，善于从经验中学习，能保持良好的人际关系，能适度地发泄情绪和控制情绪；在不违背集体利益的前提下，能有限度地发挥个性；在不违背社会规范的前提下，能恰当地满足个人的基本需求。一个优秀的专业人才，心理一定是健康的，只有心理健康，才能保持自我意识的健全，情绪控制的适度，人际关系的和谐和对挫折的承受能力，才能以旺盛的精力、积极乐观的心态处理好各种关系，主动适应环境的变化。心理健康也是身体健康的保证，一个心理不健康的人很容易引起身体疾病。大学毕业生在走出校园以后，会遇到更加复杂的情况，更大的工作压力，一定要有良好的自我调适能力以适应社会。

（5）工程意识

作为一个面向技术工程师层面的工程技术专业，工程造价要求其专业人才时刻具备良好的工程意识，并有坚毅的意志去克服种种困难，完成预定目标。良好的工程意识包括：

① 实践意识。工程造价专业是面向应用层面的专业，在处理工程实际问题时，必须有一切从实际出发的意识。

② 质量意识。任何时候，必须坚持工程质量是生存之本的意识，工程造价专业的工作虽然本身不直接构成工程实体，但能间接影响到工程的质量，此外，专业本身工作也存在质量问题，良好的工作质量是工程成功的有力保证。

③ 科技意识。工程建设一般比较复杂，完成建设任务必须要采用科学的方法，充分利用新技术的意识。

④ 经济意识。土木工程建设投资巨大，在处理工程问题时，要有在完成任务、保证质量的前提下，努力降低成本、节约能源、材料和劳动力的意识。

⑤ 信息意识。工程建设一般周期比较长，要有密切注视和了解国内外相关行业科技、经济等信息用以服务工程的意识。

⑥ 协作意识。现代社会工程越来越大，越来越复杂，很多时候，工作都需要一群人的共同努力才能完成，所以一定要能与周围的人协同工作，具有良好的合作能力。

⑦ 竞争意识。竞争是生产力发展的根本动力，是创造更好事物的推动力。优秀的专业人才一定具有强大的竞争力。

⑧ 创新意识。创新精神对于工程建设极其重要。新方法、新工艺等都来源于创新，墨守成规者最终都会被社会淘汰，只有不断创新才能在不断变化的环境中立于不败之地。

6.2.2　造价工程师的素质培养

作为一个刚入大学的学生，在了解到专业培养对自身的要求后，在大学四年的学习中怎么样去努力以达到专业人才的要求呢？

1. 勤奋学习

学习是获取知识和能力的来源，只有不断地努力才能获取足够的知识，适应不断变化的环境和需求。在学校里，一定要充分利用学校的资源，除了学好基础理论的知识外，要注意工程技术理论和经验的积累，要积累一定的人文社会科学理论知识，要多读文献资料，读“著”或“编著”的书籍，以了解最新的专业动态。良好的理论基础也是继续学习的基础，当今社会知识更新周期不断减短，新理念、理论、技术层出不穷，只有通过不断的学习才能适应社会形势的不断变化。

2. 重视实践

工程造价是一个面向应用层面的专业，培养的是技术型工程师，很多的知识与实践经验直接相关。所以一定要抓住每次实践机会，做好课程设计、实习和社会实践等实践环节工作，并且要主动创造和寻找实习的机会，利用假期到工程项目上实习，深入了解工程造价在国内工程实践中的现状。总之，工程实践的基础对于学好造价专业帮助很大，一定要充分利用。

3. 注重交际

工程造价专业的工作在广义的层面还包括全面造价管理，任何一种管理活动都需要良好的沟通和交际能力，大学学习中一定要注意综合能力的培养，良好的交际能力和人脉关系能使自己在以后的道路上走得更高、更远。平时的学习中，要积极参加学校、学院和班级的各种活动，承担部分社会工作，让自己在学习和社会两个工作层面上都得到锻炼。

4. 紧跟时代

现代社会的发展速度变得越来越快，一定要紧跟时代的步伐。在平时的学习生活中，要关心国际国内大事，关注社稷民生，关注专业发展动态，关注时代潮流，让自己更好地适应社会的变化，并在不断变化中找到适合自己发展的方向。

总之，要利用各种资源，不断武装丰富自己，不断调整自己，以适应社会的不断变化带来的各种需求，从而在以后的发展道路上走得更高更远。

6.3 造价工程师专业教育

6.3.1 造价工程师的学历教育

1. 专科教育

专科教育是高等教育的一个独立层次。

（1）培养目标

本专业专科层次的培养目标是：培养德、智、体、美、劳等方面全面发展的，具有良好的工程素质和较强的岗位技能，获得造价工程师基本素质和实际工作能力的训练，具有对工程建设项目中土建、安装和装饰等专业的估价能力、工程招标控制价和投标报价的编制及审核能力的高级应用型专业技术和管理人才。

（2）培养规格

本专业培养的专科学生应具备工程建设项目的可行性分析、投资估算、工程造价确定、管理和控制的能力；具备工程招标控制价和投标报价的编制和审核的能力；具备房地产开发项目的投资分析等方面的能力，同时要有人文社会科学、自然科学的基本知识和一定的社会工作能力，具备良好的综合素质。

通过学习，毕业生应获得以下几方面的知识和能力：

① 具有必备的人文社会科学等方面的文化基本知识。

② 具有数学、计算机应用等方面的基本理论知识。

③ 具有正确识读专业施工图和参与图纸会审的知识。

④ 具有建筑材料、建筑构造、建筑设备等方面的专业知识。

⑤ 有工程建设项目的可行性分析、投资估算的能力。

⑥ 具有编制招标、投标文件和参与招投标活动的能力。

⑦ 有工程合同管理和工程索赔的能力。

⑧ 具有较强的编制、审核工程造价文件和控制造价的能力。

⑨ 具有应用计算机进行工程造价确定、管理和控制的能力。

2. 本科教育

本科教育也是高等教育的一个独立层次。

（1）培养目标

工程造价专业培养适应社会主义现代化建设需要，德、智、体、美、劳全面发展，掌握建设工程领域的基本技术知识，掌握与工程造价管理相关的管理、经济、法律等基础知识，具有较高的科学文化素养、专业综合素质与能力，具有正确的人生观和价值观，具有良好的思想道德、创新精神和国际视野，全面获得工程师基本训练，能够在建设工程领域从事工程建设全过程造价管理的高级专门人才。

（2）培养规格

工程造价专业人才的培养规格应满足社会对本专业人才知识结构、能力结构、综合素质的相关要求。

① 知识结构

a. 人文社会科学知识：熟悉哲学、政治学、社会学、心理学、历史学等社会科学基本知识，了解文学、艺术等方面的基本知识。

b. 自然科学知识：掌握高等数学、工程数学知识，熟悉物理学、信息科学、环境科学的基本知识，了解可持续发展相关知识，了解当代科学技术发展现状及趋势。

c. 工具性知识：掌握一门外语，掌握计算机及信息技术的基本原理及相关知识。

d. 专业知识：掌握工程制图与识图、工程测量、工程材料、土木工程（或建筑工程、机电安装工程）、工程力学、工程施工技术等工程技术知识；掌握工程项目管理、工程定额原理、工程计量与计价、工程造价管理、管理运筹学、施工组织等工程造价管理知识；掌握经济学原理、工程经济学、会计学基础、工程财务等经济与财务管理知识；掌握经济法、建设法规、工程招投标及合同管理等法律法规与工程造价管理知识；熟悉工程计量与计价软件及其应用、工程造价信息管理等信息技术知识。

e. 相关专业领域知识：了解城乡规划、建筑、市政、环境、设备、电气、交通、园林以及金融保险、工商管理、公共管理等相关专业的基础知识。

② 能力结构

a. 综合专业能力：能够掌握和应用现代工程造价管理的科学理论、方法和手段，具备发现、分析、研究、解决工程建设全过程造价管理实际问题的能力；能够进行工程项目策划及投融资分析，具备编制和审查工程投资估算的能力；能够进行工程设计方案的技术经济分析，具备编制和审查工程设计概预算的能力；能够进行工程招标投标策划、合同策划，具备编制文件及工程量清单、确定合同价款和进行工程合同管理的能力；能够进行工程施工方案的技术经济分析，具备编制资金使用计划及工程成本规划的能力；具备能够进行工程风险管理的能力；能够进行工程计量与成本控制，具备能够进行工程结算文件、工程变更和索赔文件、竣工决算报告编制的能力；能够进行工程造价分析与核算，具备工程造价审计、工程造价纠纷鉴定的能力。

b. 表达、信息技术应用及创新能力：具备较强的中外文书面和口头表达能力；能够检索和分析中外文专业文献，具备对专业外语文献进行读、写、译的基本能力；具备运用计算机及信息技术辅助解决工程造价专业相关问题的基本能力；初步具备创新意识与创新能力，能够发现、分析、提出新观点和新方法，具备初步进行科学研究的能力。

③ 素质结构

a. 思想道德：具有正确的政治方向，行为举止符合社会道德规范，愿为国家富强、民族振兴服务；爱岗敬业、坚持原则、勇于担当，具有良好的职业道德和敬业精神；树立科学的世界观、正确的人生观和价值观；具有诚信为本、以诚相待的思想，求真务实、言行一致；关心集体，具有较强的集体荣誉感和团结协作的精神。

b. 文化素质：具有宽厚的文化知识积累，初步了解中外历史，尊重不同的文化与风俗，有一定的文化和艺术鉴赏能力；具有积极进取、开拓创新的现代意识和精神；具有较强的与他人交往的意识和能力。

c. 专业素质：获得科学思维方法的训练，养成严谨求实、理论联系实际、不断追求真理的良好科学素养；具有系统工程意识和综合分析素养，能够从工程造价角度分析工程设计与施工中的不足和缺陷，具有预防和处理与工程造价管理相关的重点难点和关键问题的能力。

d. 身心素质：身体健康，达到国家体育锻炼合格标准要求；能理性客观地分析事物，具有正确评价自己与周围环境的能力；具有较强的情绪控制能力，能乐观面对挑战和挫折，具有良好的心理承受能力和自我调适能力。

（3）专业方向

依据工程造价专业领域的不同，目前工程造价专业设置建筑与装饰工程、安装工程、其他专业工程（如市政工程、公路工程等）等方向。

① 建筑与装饰工程方向。建筑与装饰工程方向主要就建筑和装饰专业相关的项目进行造价工作，是传统的造价专业工作内容。

② 安装工程方向。安装工程方向主要就电气安装和管道安装以及设备安装工程进行造价工作。

③ 其他专业工程方向。其他专业工程方向主要由市政工程造价、园林绿化工程造价、公路工程造价等若干其他专业造价构成。

3. 研究生教育

研究生教育是高于专科教育和本科教育的高等教育的一个独立层次，分为硕士学位研究生和博士学位研究生两个层次。

（1）培养目标与要求

培养具有坚实的学科理论基础和系统的学科专门知识，以及较为宽广的相关学科基本知识，了解本学科的研究现状与发展趋势，具有熟练运用各种分析、计算和实验方法开展创新性研究和工程实践的能力，毕业后能胜任科研、教学、设计和技术管理或其他工程技术工作的高级专门人才。具体要求如下：

① 树立爱国主义和集体主义思想，具有高度的社会责任心、良好的敬业精神和科学道德，品学优良，身心健康。

② 掌握本学科领域内扎实的基础理论和系统的专门知识，有较为宽广的相关学科的基本

知识，了解本学科的发展趋势；熟练掌握一门外语，具有一定的外文写作和国际学术交流能力；具有从事本学科专业工作熟练的计算机应用能力。

③ 具有实事求是的科学态度和端正严谨的学风，有良好的团队精神和较强的人际交往能力；能适应科学进步及社会发展的需要，熟练运用各种分析、计算和实验方法开展创新性研究和工程实践技术工作，毕业后能胜任科学研究、教学、设计、施工和管理等工程技术工作。

（2）报考学科及方向

工程造价专业本科生可报考以下学科或方向的硕士学位研究生。

① 学术型硕士；可报考技术经济与管理，学科代码为 120204。招收应届本科毕业生，学制一般为 2.5 年。

② 工程硕士：可报考建筑与土木工程领域工程硕士，学科代码为 430114，分为全日制和非全日制。全日制招收应届本科毕业生，非全日制招收在职的本科学历工程技术人员，学制一般为 2.5 年。

③ 工程管理专业硕士：简称 MEM，招生有三年以上工程经历的工程技术人员入学深造，学制一般为 2.5 年。

工程管理专业硕士（MEM）培养以工程实践为导向，重视实践和应用，适应工程建设领域实际工作需要的应用型高层次专门人才，教育的突出特点是学术性与职业性紧密结合，课程学习以理工结合为主，将经济、管理与法规融于一体。培养的学生不但应具有管理学、经济学、土木工程、法律、计算机管理和外语等知识，而且要掌握现代管理科学的理论、方法和手段，成为能在国内外工程建设领域从事项目决策和全过程管理的复合型、外向型、开拓型的高级管理人才，塑造未来的注册监理工程师、注册造价工程师、注册咨询工程师、注册建造师、注册房地产估价师、房地产经纪人、项目评估师等职业的高素质人才。

6.3.2 造价工程师的培养体系

高等院校的专业教育是工程造价专业人士职业发展的第一步，是他们今后职业发展的基础。高等院校应该传授给学生哪些知识，培养他们什么样的能力，专业课程如何设置，才能达到培养目标，使毕业生能够满足在工程造价专业领域职业能力需求，这是学校教育所关注的重点。由于行业协会更了解行业的发展和市场需求，它们根据工程造价专业人士的执业内容，制定出专业人士所必须具备的能力，并以此为基础，评估高等院校的专业课程体系的设置，这便是行业协会的专业课程认证制度。通过行业协会的这种桥梁作用，使学校教育与行业市场需求相结合，培养出合格的毕业生。

1. 工程造价专业人士培养体系与专业能力标准

工程造价专业的培养体系的实质是专业人士终身教育的过程，它包括三个阶段，即学历教育、执业教育和继续教育，通过这三个阶段的培养，工程造价专业人士从初入社会的毕业生逐步成长为工程造价业的资深人士。支撑这个培养体系的主体是高等院校和行业协会。高等院校通过开设专业课程，进行直接教育，使工程造价专业的学生具备工程造价专业所需要的基础能力。而行业协会通过课程认定制度、专业人士认可制度、继续教育制度三大机制，介入对工程造价专业人士的教育和培养。

虽然培养体系中的这三大机制由于各国的国情和工程造价管理体系的不同而各有差异，例如：英国行业协会对专业人士的执业资格认可是经政府有关部门授权，具有法律效力的；而美国的执业资格认可则只是一种民间团体的行业，不具备法律效力；中国行业协会对工程造价专业课程的认证还没有形成成熟的制度；美国和中国均通过对专业人士的再认可制度，使造价工程师继续教育成为一种强制性规定。但无一例外的是，工程造价行业协会的介入和作用越来越广泛，这就是对工程造价专业人士培养的发展趋势。

在工程造价专业人士的培养体系中，行业协会根据行业市场的需求，通过对造价工程师的执业内容进行分析，制定出专业人士必须达到的专业能力标准体系。高等院校以这个能力标准体系为参照，设置自己的课程体系，以培养出具备这些能力的毕业生，为他们能够顺利就业打下基础。同时，行业协会通过评估，判断高等院校的专业课程设置是否与这个能力标准体系相呼应，以此作为判断其毕业生是否达到了进入工程造价行业的基本能力。只有通过了认可课程的毕业生，才可以直接申请执业资格的考核，使对专业课程的认可与对专业人士资格认可相结合。因此，专业能力标准体系是高等院校提供专业学历教育的指导方向，也是行业协会进行执业资格认可的评估标准。高等院校的专业学历教育、专业人士资格的认可和继续教育，在专业能力标准体系的指导下整合为一个体系。

2. 中国内地造价工程师的专业能力标准

相对于英国等西方发达国家，中国工程造价专业行业协会介入专业人士的培养和管理是比较少的，还处于起步阶段。根据中国造价工程师的执业范围、主要的工作内容和服务对象，参照国内主流的全过程造价管理理论，表 6.1 列出了基于全过程造价管理方向各阶段的中国内地造价工程师的专业能力标准体系。

3. 中国内地造价工程师的延续性教育体系

中国内地对造价工程师的培养模式随着造价工程师管理制度的不断改革和完善也发生了相应的变化。在造价工程师执业资格制度产生之前，中国内地没有正规的工程造价学历教育，某些高校只是在工程管理专业中下开设工程造价方向。随着执业资格制度的拉动，国内部分院校已经设立了工程造价本科或高职专科专业，在对造价工程师或造价管理人员的培养上更加具有专业性和系统性。而行业学会对高等专业教育的介入与管理已经起步，中国建设工程造价管理协会（China Engineering Cost Association，简称 CECA）不仅组建了中国建设工程造价管理协会教育专家委员会，而且对全国高等院校工程造价专业本科教育评估的标准、程序与方法也在酝酿之中。同时，CECA 设立的造价工程师继续教育制度，保证了造价工程师能够及时得到知识更新，与时俱进，在专业能力和技能上进一步发展。因此，中国内地对造价工程师的培养模式已经从最初的执业资格考试制度逐渐变为包含学历教育、资质取得的后续教育在内的延续性教育体系，其目的是使造价工程师的知识结构和能力标准更加趋于系统化和专业化。

表 6.1　中国内地造价工程师能力标准体系

<table>
<tr><td rowspan="3">能力</td><td colspan="5">阶段</td></tr>
<tr><td rowspan="2">决策阶段</td><td colspan="3">实施阶段</td><td rowspan="2">收尾阶段</td></tr>
<tr><td>设计阶段</td><td>招投标阶</td><td>施工阶段</td></tr>
<tr><td>基本能力</td><td colspan="5">基础技术能力（含土木工程技术、专业英语应用能力）、项目管理、法律法规、经济理论基础</td></tr>
<tr><td>核心能力</td><td>（1）具有可行性研究的编制能力；
（2）具有投资估算、概算的编制能力；
（3）具有投资估算、概算的审核能力；
（4）具有项目融资的操作能力；
（5）具有造价信息的管理能力；
（6）具有项目战略规划能力；
（7）项目法律法规的具体应用能力；
（8）项目风险管理</td><td colspan="3">（1）初步具有工程计算能力；
（2）初步具有工程计价能力；
（3）初步具有工程造价分析、控制能力；
（4）初步具有招投标文件的编制能力；
（5）初步具有投标书的评定能力；
（6）初步具有合同类型的选择能力及合同管理能力；
（7）初步具有成本管理、支付管理、争端解决、变更管理能力；
（8）初步具有项目跟踪评估能力；
（9）初步具有与客户进行沟通的能力；
（10）初步具有施工阶段现金流的管理能力；
（11）初步具有项目的采购管理能力</td><td>（1）具有工程结算与决算的编制能力；
（2）具有建设单位会计与审计的能力；
（3）具有项目后评价的编制能力；
（4）具有合同管理能力</td></tr>
<tr><td>发展能力</td><td>（1）项目价值管理；
（2）客户关系管理；
（3）多项目管理；
（4）企业战略管理</td><td>（1）全生命周期造价管理（LCC）；
（2）价值管理（VC）</td><td>项目采购管理</td><td>索赔管理；集成管理</td><td></td></tr>
</table>

4. 中国内地工程造价专业的评估与认证制度

目前，中国内地开设造价专业的情况分为两种：一种情况是在工程管理专业下设工程造价管理方向；另一种情况是设置专门的工程造价专业。

中国内地对建筑类高等教育的评估主要有两个评估体系，一是由教育部实施的高等学校教育评估，其重点是考察学校的办学条件和学生培养过程；二是由建设部实施的高等学校专业评估，主要针对高等学校建筑类各专业的教育资源、教学过程和教学质量进行审查和评估，并有专门针对工程管理（包括工程造价方向）课程的标准。而由行业学会实行的课程认证制度仍处于酝酿阶段。

（1）教育部的教育评估

1990 年，国家教委颁布《普通高等学校教育评估暂行规定》。普通高等学校教育评估是国家对高等学校实行监督的重要形式，主要有合格评估、优选评估和随机性水平评估三种基本形式。

2002 年，教育部将合格评估、优选评估和随机性水平评估三种合并为一个方案，出台了《普通高等学校本科教学工作水平评估方案》，水平评估的结论分为优秀、良好、合格和不合格四种。

2011 年，教育部颁布了《教育部关于普通高等学校本科教学评估工作的意见》，确定了以学校自我评估为基础，以院校评估、专业认证及评估、国际评估和教学基本状态数据常态监控为主要内容的高等教育教学评估顶层设计。

2012 年初，教育部下发《普通高等学校本科教学工作合格评价实施办法》和《普通高等学校本科教学工作合格评价指标体系》，形成了完善的教育评估方案并逐步推行。

（2）建设部的专业评估

1994 年，建设部以 35 号部令发布《高等学校建筑类专业教育评估暂行规定》，把建筑类专业评估纳入了法制化、科学化、规范化和制度化的轨道。并由建设部人事教育司成立了“建设部高等教育工程管理专业评估委员会”，颁发了相应的教育评估文件，并于 1999 年开展了工程管理专业的专业评估。高等学校建筑类专业教育评估的目的是加强国家对建筑类专业教育的宏观指导和管理，保证和提高建筑类专业教育的基本质量，更好地贯彻教育必须为社会主义建设服务的方针。

（3）行业协会的课程认证

与国际上行业协会对专业课程所进行的认证相比，中国内地存在的由教育部和建设部执行的评估，重点是强调一般的教学资源、环境和教学方法，但对毕业生是否满足专业资格考试的条件关注不够，而国外由行业学会对高校专业课程的认证，重点考察学校专业课程的设置，专业培养模式等专业教育体系是否都能满足行业学会对专业人才的能力要求，培养的毕业生能否适应本行业的市场需求。这种专业课程认证的目的是要保证高校的专业学历教育所培养的毕业生能够满足市场、社会对专业人才的专业知识和专业技能的需求。同时，通过这种专业课程的认定，能够使学校的教育受到业界的指导和支持，能够使人才的培养与需求结合得更加紧密。而通过了专业协会课程认证的毕业生，能够得到整个行业和社会的承认，而他们能够获得行业学会认证的专业课程，也能够获得其他国家或地区本行业的认可，从而实现教育的国际化。从这个意义上说，行业学会对高校专业课程认证，对高校、学生乃至整个行业都是有利的，是一种必然趋势。

为了促进行业与高校人才培养的对接，实现行业学会随高等专业教育的管理更快地与国际接轨，2004 年 5 月中国建设工程造价管理协会（CECA）教育专家委员会在天津理工大学召开了首次会议，会议提出了“全国高等院校工程造价专业本科教育评估程序与方法（讨论稿）”，并聘请专家组成继续教育专家组和专业评估专家组，对造价工程师继续教育课程体系和工程造价专业评估指标体系及工作程序做进一步深入的讨论研究。

中国建设工程造价管理协会（CECA）提出教育专家委员会的主要工作包括：

① 拟定有关工程造价执业资格教育发展计划。

② 制定造价工程师继续教育培训方案和教学大纲。

③ 研究工程造价专业学历教育与造价工程师继续教育、素质教育的区别及教材的编写工作。

④ 评选、推荐优秀工程造价专业学历教育教材。

⑤ 进行全国工程造价专业学历教育评估活动。

⑥ 开展工程造价专业学历教育方面的国际交流与协作。

⑦ 开展工程造价行业及工程造价专业调查研究、技术讲座、专题研究、信息交流及业务培训、教育咨询等服务工作。

⑧ 承担与工程造价专业教育有关的其他工作。

由此可见，中国工程造价行业协会在推荐优秀教材、进行专业学历教育评估等方面迈出了开创性的一步，将逐步介入对工程造价专业人士的教育和管理工作，指导高等学校的专业学历教育，使高等学校的专业人才培养更好地面向市场和行业发展的需求。

6.3.3 工程造价专业的继续教育

1. 注册造价工程师继续教育制度

注册造价工程师继续教育是指为提高造价工程师的业务素质，不断更新和掌握新知识、新技能、新方法所进行的岗位培训、专业教育和职业进修教育等。继续教育是注册造价工程师持续执业资格的必备条件之一，应贯穿于注册造价工程师整个的执业生涯。中国建设工程造价管理协会（CECA）负责组织开展全国注册造价工程师继续教育工作，并对各省、自治区、直辖市及有关部门注册造价工程师继续教育管理机构的继续教育工作进行检查和指导。各省级和有关部门注册造价工程师继续教育管理机构在中国建设工程造价管理协会的组织下，负责开展本地区和本部门注册造价工程师的继续教育工作。注册造价工程师有义务接受并按要求完成继续教育，注册造价工程师所在单位有责任督促本单位注册造价工程师按要求接受继续教育。

2007 年 12 月，中国建设工程造价管理协会根据《注册造价工程师管理办法》（建设部令第 150 号），重新修订了《注册造价工程师继续教育实施暂行办法》。在本办法中明确规定注册造价工程师在每个注册有效期内应接受必修课和选修课各为 60 学时的继续教育，否则将不能续期注册，从而失去进行工程造价执业工作的资格。而各省级和有关部门管理机构则按照每两年完成 30 学时必修课和 30 学时选修课的要求，组织注册造价工程师参加规定形式的继续教育学习。继续教育的内容主要包括（但不限于）以下几个方面：

（1）工程造价有关的方针政策。

（2）行业自律规则和有关规定。

（3）工程项目全面造价管理理论知识。

（4）国内外工程造价管理的计价规则及计价方法。

（5）造价工程师执业所需的有关专业知识与技能。

（6）国际上先进的工程造价管理经验与方法。

（7）工程造价管理的新理论、新方法、新技术。

（8）各省级、部门注册机构补充的相关内容。

2. 注册造价工程师继续教育方式

目前中国内地注册造价工程师继续教育的方式主要有：

（1）参加中国建设工程造价管理协会或各省级和有关部门管理机构组织的网络继续教育学习和集中面授培训。

（2）参加各种国内外工程造价培训、专题研讨活动。

（3）参加有关大专院校工程造价专业的课程进修。

（4）编撰出版专业著作或在相关刊物上发表专业论文。

（5）承担专业课题研究，并取得研究成果等。

由于工程造价专业正处于一个快速发展、不断成熟的阶段，各种理论创新层出不穷，随之出现了许多新的理论和方法，例如全生命周期造价管理理论的产生和发展、价值管理方法的提出和使用等。随着这些理论、方法的提出，工程造价从业人员的业务范围也从原来简单的概预算编制、计量及计价等业务逐渐发展到了全过程工程造价管理、全生命周期造价管理以及争端的非司法解决业务等。同时，随着中国加入 WTO 后，发达国家的工程造价咨询机构已全面进入中国的建筑市场，他们先进的技术和管理对中国的工程造价咨询业构成了威胁。因此，无论是出于紧跟行业发展、开拓业务范围的需要，还是从参与国际竞争的角度考虑，都需要我们不仅仅从形式上坚持继续教育，还要使继续教育的思想融入每一位工程造价从业人员的整个职业生涯中。

思考题

1. 工程造价专业独立存在有哪些必要性？
2. 当今社会需要什么样的工程造价专业毕业生？
3. 造价工程师为什么要参加继续教育？

第 7 章

造价专业的课程体系

7.1 工程造价专业的课程体系

7.1.1 理论课程体系

对于造价工程师来说，他们的执业范围涵盖了工程建设的全过程，这就要求他们不仅要精通工程造价确定和控制需要的工程技能，还要掌握经济学、管理学和法律等方面的专业知识，并具备各种管理和沟通能力，因此工程造价专业是一个跨土木工程（或其他工程）、管理学、经济学、法律等的多学科多领域交叉的专业。在工程造价专业人才的培养上，强调要兼具经济学、管理学、法律和工程技术的基础知识，因此工程造价专业课程体系应由工程技术类、经济类、管理类、法律类“四大平台”组成，并采用“平台课程+方向课程”的专业课程结构体系。

根据教育部门的规定，开设工程造价类专业的高等院校所设置的课程体系基本上都分为公共基础课程、学科基础课程和专业课程三个部分。公共基础教育包括人文社会科学、自然科学、外语、体育、计算机信息技术、社会实践训练等知识体系，是普通教育的根本要求，为各专业教育的开展打下扎实的基础。学科基础课程和专业课程作为工程造价专业教育的核心知识体系，分别对应着工程造价专业不同能力培养单元。学科基础课程又包含平台系列类课程，即工程技术平台课程、经济学平台课程、管理学平台课程和法律平台课程。

同时，工程造价专业学科基础课程和专业课程的设置要能够培养学生成为具备工程技术、管理学、经济学和法律方面的基本知识，掌握现代管理科学理论、方法和手段，能在国内外工程建设领域从事全过程造价管理和工程造价咨询的复合型高级管理人才。使学生毕业后能够在房地产公司、国内外大中型建筑企业、工程技术公司、国际经济合作公司、工程咨询和评估公司等部门从事投资与工程造价管理工作，学生也可以选择在政府有关管理部门、供应商、金融机构等部门从事工程概预算的管理工作。

7.1.2 实践教学体系

工程造价是一个实践性很强的专业，除理论知识课程的学习外，还应加强实践性教学，以保障工程造价专业人才能力的获得。根据理论课程体系的设置，从理论与实践相结合，培养学生动手能力和综合素质出发，进行实践教学的构建、这不仅是检验学生掌握和应用所学理论知识的重要手段，也为学生的毕业设计（或毕业论文）及毕业后更好地适应社会打下坚实的基础，是培养应用型人才的关键环节。

工程造价专业学生的实践教学主要有校内实践教学和校外实践教学两种方式。

1. 校内实践教学

校内实践教学包括案例教学、模拟教学、课程设计、毕业设计等形式。

案例教学是指根据工程造价专业工作实践中所出现的问题，凝练和总结出一些比较典型的案例。通过课堂教学对案例的分析，巩固和加深学生对工程计价理论、方法和现实技术的理解，能避免理论学习和实际的脱节，引导学生主动思考和探索，培养学生运用所学理论知识解决工程实际问题的能力。

模拟教学则是让学生在计算机上通过操作实验软件（如 BIM 建模、工程造价软件应用），进行工程造价管理中相关过程的模拟操作。由于模拟实验所包含的内容丰富，涵盖的工程类别全面，具有较强的系统性，能够使学生全面了解今后执业所涉及的工作内容，在模拟实验中，锻炼了相应的专业技能。

课程设计是一种仿真教学活动，即集中 1 ~ 2 周的时间，全力以赴完成指定的设计任务。工程造价专业的课程设计可为：简单的房屋建筑设计，钢筋混凝土楼盖设计，施工图预算文件编制，施工组织设计文件编制等。课程设计大多是以同一题目，同一标准进行的训练，突出工作的流程性、规范性和标准化。

毕业设计是毕业前的一次综合训练，时间一般为 12 周，完全模拟造价人员今后工作所需要的场景和任务，完成比课程设计更具综合性、全面性的工作任务。毕业设计一人一题，突出工作的适应性、独立性以及知识应用的融合性、创新性。

2. 校外实践教学

校外实践教学包括认识实习、生产实习和毕业实习等形式。

认识实习使学生在参观项目建设的过程中，伴随相应的理论指导，既有助于强化学生在课堂中所学的知识，还能激发他们的积极性和主动性。

生产实习是学生到相关单位的顶岗实习，是为了巩固、扩大和加深学生从课堂上所学到的理论知识，获得实际工作的初步经验和基本技能。

毕业实习一般在毕业设计之前进行，时间为 2 ~ 4 周，通常要与毕业设计（或者毕业论文）结合起来，是一个综合性的实习，是对学生综合能力的一种培养和锻炼。

7.2 工程造价专业的课程设置

7.2.1 课程设置结构

工程造价专业尽管归类为管理学专业，但同时也规定可以授予工学学士学位，相对于大多数的管理类专业来讲，工程造价专业是管理学中的工程专业，对于大多数基于工程学科背景的院系开办的工程造价专业，更强调按工程师来培养，注重夯实工程技术基础。

工程造价专业的主干课程为：工程经济学、工程合同管理、工程计量与计价、工程造价管理、工程项目管理、工程安全与环境保护、工程定额原理、施工方法与组织、计算机辅助工程造价、设备安装、建筑结构、建设法规、建筑信息模型（BIM）应用。

在《高等学校工程造价本科指导性专业规范（2015 年版）》中，推荐的课程如下：

（1）工具性知识、人文社会科学基础知识、自然科学基础知识领域的推荐课程 22 门，建议 1 036 学时。见表 7.1。

（2）专业知识领域的推荐课程 23 门，建议 856 学时。见表 7.2。

（3）实践体系中推荐安排教学环节 9 个。其中，基础实验教学环节建议 16 学时，专业基础实验教学环节建议 24 学时，实习建议 9 周，设计建议 20 周。见表 7.3。

表 7.1　工具、人文社科、自然科学基础知识领域及推荐课程

序号	知识领域				推荐课程
	类别	编号	知识描述	推荐学时	
1	工具性知识	1-1	外国语	256	大学外语、专业外语
		1-2	信息科学计算	64	计算机信息技术、文献检索
		1-3	计算机计算应用	64	程序设计语言、数据库技术、AutoCAD 技术基础
2	人文社会科学基础知识	2-1	哲学	204	毛泽东思想和中国特色社会主义理论体系，马克思主义基本原理，中国近代史纲要，思想道德修养和法律基础，心理学基础，体育，军事理论，文学欣赏，艺术欣赏
		2-2	政治学		
		2-3	历史学		
		2-4	法学		
		2-5	社会学		
		2-6	心理学		
		2-7	艺术		
		2-8	文学		
		2-9	体育	128	
		2-10	军事	3 周	
3	自然科学基础知识	3-1	数学	240	高等数学，线性代数，概率论与数理统计
		3-2	物理	64	大学物理
		3-3	环境科学基础	16	环境保护概论

表 7.2 专业知识领域及推荐课程

序号	知识领域	推荐课程	推荐学时
1	建筑工程技术基础	工程制图与识图，工程测量，工程材料，土木工程概论（或其他工程概论），工程力学，工程施工技术	288
2	工程造价管理理论与方法	管理学原理，管理运筹学，工程项目管理，工程造价专业概论，施工组织，工程定额原理，工程计量与计价，工程造价管理	272
3	经济与财务管理	工程经济学，经济学原理，会计学基础，工程财务	152
4	法律法规与合同管理	经济法，建设法规，工程招投标与合同管理	96
5	工程造价信息化技术	工程计量与计价软件，工程管理类软件	48
6	总计		856

表 7.3 实践体系中推荐教学环节

序号	实践领域	单元数/个	实践单元	推荐学时
1	实验	1	计算机及信息技术应用实验	16
		10	1. 工程材料实验 （1）测定土木工程材料基本性能的方法；测定材料相对密度的方法。 （2）钢筋取样要求；钢筋标距打印，检测钢筋的力学性能和机械性能的方法。 （3）水泥的物理性质检验方法和水泥的强度等级评定方法；水泥压力试验和抗折实验方法。 （4）测定砂和石的颗粒级配、粗细程度及石子的最大粒径；确定砂的细度模数、级配曲线；测定砂、石骨料的级配、含水量、含泥量。 （5）混凝土和易性的测定和调整方法；混凝土标准养护方法，混凝土强度评定方法；确定实验室和施工配合比。 （6）沥青三大技术性能的测定方法；沥青牌号的评定。 2. 工程力学实验 （1）万能试验机的构造和工作原理。 （2）万能试验机的基本操作规程及试验注意事项。 （3）测定低碳钢和铸铁的拉、压屈服极限、强度极限及低碳钢的伸长率、断面收缩率的方法。 （4）观察材料在拉、压过程中的各种现象并绘制拉伸图，比较低碳钢和铸铁的拉、压力学性能	24

续表

<table>
<tr><th>序号</th><th>实践领域</th><th>单元数/个</th><th>实践单元</th><th>推荐学时</th></tr>
<tr><td>1</td><td>实验</td><td>10</td><td>1. 造价管理软件应用
（1）工程图数据导入。
（2）工程量计算。
（3）建筑面积计算。
（4）工程估价。
（5）工程费用偏差分析。
2. 工程管理软件应用
（1）工程进度计划预与控制。
（2）工程投标报价。
（3）项目管理沙盘模拟。
（4）BIM 技术应用
3. 学校自选</td><td>8</td></tr>
<tr><td rowspan="4">2</td><td rowspan="4">实习</td><td>2</td><td>认识实习（工地参观）:
（1）各类典型建设工程的功能用途、结构形式和组成。
（2）工程费用组成，工程计量与计价，工程造价管理</td><td>1 周</td></tr>
<tr><td>7</td><td>1. 课程实习——工程测量
（1）仪器使用和校验。
（2）控制网的布设、水平角观测、距离测量、四等水准测量、碎部测量。
（3）绘制详细的地形图。
（4）地形图的应用。
2. 课程实习——工程计量与计价
（1）工程计量。
（2）工程估价。
3. 学校自选</td><td>2 周</td></tr>
<tr><td>1</td><td>生产实习——工程现场实习</td><td>4 周</td></tr>
<tr><td>2</td><td>（1）毕业实习——与毕业设计课题相关的调查研究。
（2）毕业实习——与毕业设计课题相关的实际资料、数据、案例的收集、整理、分析与计算</td><td>2 周</td></tr>
<tr><td>3</td><td>设计</td><td>6</td><td>课程设计:
（1）混凝土结构设计与承载力计算。
（2）工程量清单编制。
（3）投资估算编制。
（4）工程概算编制。
（5）施工组织设计文件编制。
（6）招标文件及投标文件编制</td><td>6 周</td></tr>
</table>

续表

序号	实践领域	单元数/个	实践单元	推荐学时
3	设计	6	毕业设计： （1）相关资料的调研和搜集，相关外文资料翻译。 （2）工程设计图纸和相关资料分析，工程量计算。 （3）工程量清单及其工程量清单计价模式的工程预算编制。 （4）授权书，投标保函等文件的编写，工程施工合同专用条款等文件的编制。 （5）工程施工组织设计编制，工程施工招标文件核心部分外文翻译。 （6）毕业设计报告撰写	14 周

总结工程造价专业的办学历程，只要坚持走突出工程技术应用特征的高等学校，一般工程造价专业都是最好招生、最好就业的专业。

基于工程学科背景的工程造价专业的理论课程设置如表 7.4 所示。

表 7.4　工程造价专业的理论课程设置

课程类别		课程名称	学分	总学时	建议开课学期
公共基础课	理论教学	思想道德修养和法律基础	2	32	1
		中国近现代史纲要	2	32	1
		马克思主义基本原理	3	48	2
		毛泽东思想和中国特色社会主义理论体系概论	5	80	3
		形势与政策	2	32	1-4
		大学英语综合	10	160	1-4
		大学英语视听说写	8	128	1-4
		高等数学	6	128	1-2
		线性代数	2	32	2
		体育	4	128	1-4
		信息处理技术	3	48	1
		创业基础	2	32	4
		大学语文	2	32	5
	实践教学	大学英语自主网络学习	4	128	1-4
		大学英语口语	4	64	1-2
		体育	4	128	1-4

续表

<table>
<tr><th colspan="2">课程类别</th><th colspan="2">课程名称</th><th>学分</th><th>总学时</th><th>建议开课学期</th></tr>
<tr><td rowspan="5">公共基础课</td><td rowspan="5">实践教学</td><td colspan="2">体育课外测试</td><td>0</td><td>0</td><td>1-8</td></tr>
<tr><td colspan="2">“思想道德修养和法律基础”实践教学</td><td>1</td><td>16</td><td>2</td></tr>
<tr><td colspan="2">“毛泽东思想和中国特色社会主义理论体系概论”实践教学</td><td>1</td><td>16</td><td>4</td></tr>
<tr><td colspan="2">信息处理技术上机实践</td><td>1</td><td>16</td><td>1</td></tr>
<tr><td colspan="2">程序设计语言C上机实践</td><td>2</td><td>32</td><td>3</td></tr>
<tr><td rowspan="8">公共基础课</td><td rowspan="8">文化素质与创新教育</td><td colspan="2">入学教育</td><td>1</td><td>16</td><td>1</td></tr>
<tr><td colspan="2">军事理论、军事技能</td><td>4</td><td>80</td><td>1</td></tr>
<tr><td colspan="2">社会实践</td><td>2</td><td>40</td><td>1-4</td></tr>
<tr><td colspan="2">课外教育其余4学分（由学生自选）</td><td>4</td><td>64</td><td>1-4</td></tr>
<tr><td rowspan="4">文化素质10学分</td><td>经济学基础</td><td>2</td><td>32</td><td>2</td></tr>
<tr><td>管理学概论</td><td>2</td><td>32</td><td>3</td></tr>
<tr><td>科技文献检索</td><td>1</td><td>16</td><td>4</td></tr>
<tr><td>其余（由学生自选）</td><td>5</td><td>80</td><td>1-4</td></tr>
<tr><td rowspan="16">学科基础课</td><td rowspan="11">必修课</td><td colspan="2">工程造价专业概论</td><td>1</td><td>16</td><td>1</td></tr>
<tr><td colspan="2">工程制图</td><td>3</td><td>48</td><td>1</td></tr>
<tr><td colspan="2">计算机辅助制图</td><td>2</td><td>32</td><td>2</td></tr>
<tr><td colspan="2">房屋建筑学（或建筑构造）</td><td>3</td><td>48</td><td>2</td></tr>
<tr><td colspan="2">土木工程材料</td><td>3</td><td>48</td><td>3</td></tr>
<tr><td colspan="2">建筑结构</td><td>3</td><td>48</td><td>3</td></tr>
<tr><td colspan="2">工程测量</td><td>3</td><td>48</td><td>3</td></tr>
<tr><td colspan="2">建筑施工</td><td>3</td><td>48</td><td>3</td></tr>
<tr><td colspan="2">工程计价基础</td><td>2</td><td>32</td><td>3</td></tr>
<tr><td colspan="2">造价BIM软件应用</td><td>3</td><td>48</td><td>5</td></tr>
<tr><td colspan="2">BIM技术应用</td><td>2</td><td>32</td><td>5</td></tr>
<tr><td rowspan="5">选修课</td><td colspan="2">会计学原理</td><td>2</td><td>32</td><td>4</td></tr>
<tr><td colspan="2">工程经济学</td><td>2</td><td>32</td><td>4</td></tr>
<tr><td colspan="2">财务管理</td><td>2</td><td>32</td><td>5</td></tr>
<tr><td colspan="2">工程项目投融资</td><td>2</td><td>32</td><td>6</td></tr>
<tr><td colspan="2">经济法</td><td>2</td><td>32</td><td>5</td></tr>
</table>

续表

课程类别		课程名称	学分	总学时	建议开课学期
学科基础课	选修课	工程造价专业英语	2	32	6
		市政工程概论	2	32	5
		道路桥梁工程概论	2	32	5
		建筑设备	2	32	5
		建筑电气	2	32	5
		园林工程识图与施工	2	32	6
专业课	必修课	建筑工程计量与计价	6	96	4
		安装工程计量与计价	3	48	5
		园林工程计量与计价	3	48	5
		市政工程计量与计价	3	48	6
		道桥工程计量与计价	3	48	6
专业课	选修课	建设法规	2	32	4
		招投标与合同管理	2	32	5
		工程项目管理	2	32	6
		施工组织与管理	2	32	6
		项目可行性研究与评价	2	32	6
		工程造价管理	2	32	6
		施工项目成本管理	2	32	6
		装配式建筑计量与计价	2	32	6
		水利水电	2	32	6
		资产估价	2	32	6
		工程安全与环境保护	2	32	6

工程造价专业集中性实践教学环节如表 7.5 所示。

表 7.5　工程造价专业集中实践教学环节设置

实践性教学环节	学分	学时	周数	建议开课学期
建筑构造课程设计	1	20	1	2
建材认识实习	1	20	1	2
结构识图实训	1	20	1	3

续表

实践性教学环节	学分	学时	周数	建议开课学期
施工认识实习	1	20	1	3
房建预算课程设计	2	40	2	4
安装预算课程设计	1	20	1	5
园林预算课程设计	1	20	1	5
市政预算课程设计	1	20	1	6
道桥预算课程设计	1	20	1	6
招投标模拟实训（分散进行）	1	20	1	6
专业实习	9	180	18	7
毕业实习	2	40	2	7
毕业设计（论文）	13	260	13	8

7.2.2 课程内容简介

1. 学科基础课程

（1）工程造价专业概论。本课程的教学目的是帮助学生建立专业概念，了解专业、热爱专业。教学任务是通过学习本课程，使学生对工程造价以及工程造价的概念有较为全面的认识，为学好工程造价专业奠定必要的认知与情感基础。课程内容详见本书。

（2）工程制图。本课程的教学目的是培养学生绘图和读图的能力。任务是学习各种投影法（主要是正投影法）的基本理论及其应用；培养绘制和阅读建筑工程图的能力；培养空间几何问题的图解能力；培养空间想象能力和空间分析能力；培养认真负责的工作态度和严谨细致的工作作风。

（3）计算机辅助制图。本课程的教学目的是让学生了解计算机技术在土木工程中应用的最新发展，掌握 CAD 技术的基本理论和方法。任务是熟悉各类图形输入、输出设备（如键盘、鼠标、扫描仪、显示器、显示卡、打印机、绘图仪等）的工作原理和各项主要技术指标；掌握二维图形生成的原理和常用算法，掌握主要几种图形变换（二维、三维几何变换、投影变换和窗口裁剪）的工作原理和实现方法；熟练掌握 AutoCAD 的基本命令，能够用该软件完成中等复杂程度的土木工程施工图的制图和出图工作。

（4）房屋建筑学。本课程的教学目的是帮助学生建立房屋建筑的概念，熟悉建筑的构造，具备初步的设计能力。教学任务是通过本课程的学习，具有从事一般中小型民用建筑方案设计和建筑施工图设计的初步能力，并为后续课程奠定必要的专业基础知识。学习本课程后，学生应掌握建筑设计原理和设计方法，并达到能掌握房屋各组成部分的构造，能绘制简单构造详图，能进行建筑单一空间的设计和空间组合设计，能完成中小型民用建筑的施工图设计的要求。课程内容有：民用建筑概述，建筑平面、立面、剖面设计，民用建筑构造，工业建筑概述，单层厂房设计及构造。

（5）土木工程材料。本课程的教学目的是掌握主要土木工程材料知识。任务是通过学习本课程，可以利用各种材料的技术性质合理和正确地选用材料。课程内容有：土木工程材料基本性质，包括天然石材、砖瓦、胶凝材料（水泥、石灰等）、混凝土、建筑砂浆、金属材料、木材、沥青材料及制品、有机高分子合成材料、装饰材料。

（6）建筑结构。本课程的教学目的是建立结构的概念，能应用结构知识解决一般性的工程技术问题。教学任务是通过本课程学习，使学生掌握工程结构的基本概念与基本理论，熟悉各种结构的类型及适用条件，掌握一般设计方法和有关构造，为在工程造价管理中正确处理结构问题打好基础。课程内容有：工程结构概述，结构荷载，钢筋混凝土结构，砌体结构，钢结构，木结构，地基与基础，建筑抗震设计，大跨度空间结构类型（网架、刚架、桁架、拱、壳、网壳、吊挂、悬索）等。

（7）工程测量。本课程的教学目的是使学生具备工程测量的基本技能。任务是使学生在掌握工程测量学的基础理论及基本知识的同时，掌握测量技术的具体应用技能，特别是常规测量仪器的使用及测量方法；掌握大比例尺地形图的测绘程序，了解数字化地形图的成图方法，使学生能够熟练应用地形图知识进行相关规划，使学生能够利用所学知识完成工业与民用建筑工程施工中的各种测量工作，为今后适应社会提供一项实用的技能。课程内容有：测量学概述，直线丈量与定向，水准仪及其使用，水准测量，误差理论的基本知识，经纬仪及水平角观测，导线测量，交会法和小三角测量，三角高程测量，视距测量，光电测量，平板仪及其使用，碎部测量，地形图的分幅及编号，大比例尺地形测量等。

（8）建筑施工。本课程的教学目的是在工程计价中正确选择施工工艺及方法。任务是通过学习本课程，使学生了解建筑工程施工现场各分部工程施工的应用技术，熟悉当前施工现场应用的先进技术和方法。课程内容有：建筑工程施工技术概述，土方工程施工，桩基础工程施工，砌体工程施工，钢筋混凝土工程施工，预应力混凝土工程施工，混凝土结构安装工程施工，防水工程施工，装饰工程施工，高层建筑主体结构工程施工，常用工程施工机械。

（9）工程计价基础。本课程的教学目的是构建工程计价的基础理论。任务是为后续的建筑工程预算、安装工程预算、市政工程预算、园林工程预算搭建共同的基础平台。课程内容有：工程计价的概念、特点、内容、程序和原则；投资估算、设计概算简介；定额的概念、分类，消耗量确定，单位估价表组成，定额应用；建安工程费用组成与计算；施工图预算编制的依据与步骤；工程量清单计价方法；建筑面积计算规则与方法。

（10）造价 BIM 软件应用。本课程的教学目的是掌握计算机辅助工程计量与计价的理论与方法。任务是通过本课程的学习，了解国内工程预算软件的开发与应用情况，掌握多种工程预算软件的应用，具备应用工程预算软件来编制工程概预算的初步能力。课程内容有：建筑工程造价信息系统；广联达系列造价软件；斯维尔系列造价软件；雪飞翔系列造价软件；神机妙算系列造价软件；PKPM 系列造价软件等。

（11）BIM 技术应用。本课程的教学目的是构建 BIM 技术应用的基本理论与技能。任务是通过学习操作与 BIM 技术有关的软件建立对象工程的三维模型，并根据任务导向为模型赋予相关参数，实现工程造价的可视化、参数化、信息化管理。课程内容有：工程绘图和 BIM

建模环境设置，BIM 参数化建模，BIM 属性定义与编辑，创建图纸，模型文件管理，基于 BIM 的工程造价分析。

（12）建筑设备。本课程的教学目的是教会学生能读懂建筑设备施工图（含建筑电气、给排水、采暖、通风及空调、燃气等）。任务是通过本课程的学习，使学生了解房屋建筑电气、给排水、暖通、燃气等施工图的基本专业设计思想，快速掌握建筑设备施工图的内容和表达方法，满足工程造价管理中对建筑设备图纸识读的要求，为后续学习安装工程计量和从事安装工程造价管理奠定基础。课程内容有：给排水工程概述、管材、器材及卫生器具、室内给水、室内排水、供暖、热水及煤气供应、通风、空气调节、建筑电气的基本系统、供配电系统、电气照明、用电及建筑防雷的基本知识。阅读给水排水施工图、通风空调和燃气工程施工图、建筑电气施工图的基本方法。

（13）市政工程概论。本课程的教学目的是学习市政工程基本知识。任务是使学生全面地了解市政工程的基本内容，初步建立市政工程的基本概念、了解所涉及的基本理论、基本方法及其发展状况，了解市政工程学科与相关学科之间的关系，为后续学习市政工程计量与计价和从事市政工程造价管理打下必要的理论基础。课程内容有：给水工程概论，给水系统和管网水力设计，给水管材、附件、附属建筑物，给水水源及给水处理简介；排水工程概述，排水管材及附属建筑物，污水管渠系统的设计，雨水管渠系统的设计，排水管渠的养护与管理城市污水处理概述；室外管道开槽法施工，室外管道不开槽法施工，附属建筑物施工等。

（14）道路桥梁工程概论。本课程的教学目的是学习道路桥梁工程的基本知识，扩大学生的知识面。任务是让学生了解道路桥梁方面最基本的专业概念和应该具备的知识结构，为后续开设道路桥梁工程预算课程奠定基础。课程内容有：道路路基路面总论，道路路基，道路沥青路面，道路水泥混凝土路面，道路排水。

（15）管理学概论。作为高等工科院校的素质教育选修课之一，本课程的教学目的是构建管理学方面的基础理论和方法。课程内容包括：管理的概念，管理理论的发展，管理与组织环境，管理目标与方法，社会责任与管理道德，计划工程，组织理论，领导理论，控制理论。

（16）经济学基础。本课程的教学作为高等工科院校的素质教育选修课之一，本课程的教学目的是构建经济学方面的基础理论和方法。课程内容包括：经济学概述，需求、供给和均衡价格，需求弹性和供给弹性，需求与效用，消费行为理论，生产理论，成本理论，市场理论，分配理论，乘数与加速理论，建设项目投资经济评价，多项目方案关系优选。

（17）会计学原理。本课程的教学目的是构建会计学的基本常识或技能。任务是使学生掌握会计学的基本原理，熟悉一般企业会计业务的基本操作，能制作记账凭证、完成记账和企业会计报表编制。课程内容有：会计的含义与会计对象，会计科目与账户，复式记账，账户和复式记账的应用，会计凭证，账户的分类，会计账簿，财产清查，会计核算程序；财务会计报表，会计工作组织等。

（18）工程经济学。本课程的教学目的是构建工程经济分析的理论与方法。任务是学会在项目决策时选择技术上、经济上最优和最合理的方案，使工程技术方案的技术与经济两方面得到最优的统一。课程内容包括：工程经济学概论、资金时间价值理论、技术方案经济效果评价指标与方法、投资方案分析、设备更新的技术经济分析、不确定性分析、费用效益分析、价值工程理论。

（19）财务管理。本课程的教学目的是构建财务管理的基本常识或技能。任务是使学生对财务管理有完整的认识与理解，掌握企业财务管理的基本原则、管理方法，通过这门课的学习，能看懂财务报表，并能利用报表的数据进行财务分析，最终能判别企业财务状况的好坏，并能参与企业的决策。课程内容有：财务管理基本概念、基本理论；财务分析；筹资决策；投资决策；利润管理及股利政策；财务预算；财务控制等。

（20）工程项目投融资。本课程的教学目的是构建工程项目融资的基本常识或技能。任务是通过课程的学习，使学生系统地学习和掌握项目融资的内容和方法，为以后从事项目管理、项目筹资、项目贷款工作奠定基础。课程内容有：固定资产投资管理体制的基本内容；建设项目融资的方式、程序和融资成本；建设项目法人负责制等。

（21）经济法。本课程的教学目的是掌握并能运用与工程造价有关的经济法规，为工程造价管理服务。任务是通过学习经济法，使学生掌握并能运用与工程造价管理有关的国家法律、法规，培养学生在未来的工作中，依法行政、依法决策、依法管理的自觉性和能力，为工程造价管理真正走上法治轨道创造条件。课程内容有：经济法概述、法人制度、所有权制度、合同法、担保法、合伙企业法、公司法、保险法、商标法、专利法、竞争法律制度、经济仲裁与经济诉讼等。

2. 专业课程

（1）建筑工程计量与计价。本课程的教学目的是掌握土建和装饰工程计量与计价的理论与方法。任务是通过本课程学习，使学生掌握编制建筑工程（土建与装饰工程）概预算的基本方法和技能，为今后更有效地从事工程造价管理奠定基础。课程内容有：土石方工程计量与计价，桩基础工程计量与计价，砌体工程计量与计价，混凝土工程计量与计价，钢筋工程计量与计价，木结构工程计量与计价，钢结构工程计量与计价，屋面防水及保温工程计量与计价，楼地面装饰工程计量与计价，墙柱面装饰工程计量与计价，天棚装饰工程计量与计价，门窗工程计量与计价，油漆涂料裱糊工程计量与计价，其他装饰工程计量与计价，室外及零星工程计量与计价，措施项目计量与计价，工料分析、组价或套价、建安工程费用计算等。

（2）安装工程计量与计价。本课程的教学目的是掌握安装工程计量与计价的理论与方法。任务是通过课程的教学，使学生能掌握编制给排水安装工程、电气照明安装工程概预（结）算书和工程量清单的基本编制方法。课程内容有：安装工程施工图预算编制依据及编制程序、安装工程（给排水工程、电气安装工程、通风、空调、采暖工程、电梯安装工程）计量与计价、工料分析、组价或套价、建安工程费用计算等。

（3）园林工程计量与计价。本课程的教学是掌握园林工程计量与计价的理论与方法。任务是通过课程的教学环节和课程设计实践环节，使学生掌握编制一般园林工程概预算和工程量清单的基本编制方法。课程内容有：园林工程预算基础知识；园林工程定额应用；园林工程（含园林绿化、园路、园桥、园林小品）的计量与计价；工料分析、组价或套价、建安工程费用计算等。

（4）市政工程计量与计价。本课程的教学目的是掌握市政工程计量与计价的理论与方法。

任务是通过课程的教学环节和课程设计实践环节，使学生掌握编制一般城市给水工程、城市排水工程概预算和工程量清单的基本编制方法。课程内容有：市政工程基础知识（内容、施工材料、常用施工方法）；市政工程定额原理及定额应用；道路、桥涵工程、燃气与集中供热工程、路灯工程计量与计价；城市给水工程、排水工程计量与计价（重点是概预算的编制程序及操作方法）及城市给排水工程工程量清单及技术规范的运用。

（5）道路桥梁工程预算。本课程的教学目的是掌握公路工程概预算编制方法。任务是通过该课程的学习，使学生了解公路基本建设的内容和程序，在熟悉公路施工过程的组织原理的基础上，理解竞标性施工组织设计的编写特点，掌握公路工程概预算编制方法及计算程序，同时重点让学生掌握如何按照公路工程国内招标文件范本的要求，熟练运用造价分析系统软件编制清单报价。课程内容有：公路基本建设程序及施工程序；公路工程施工组织设计，机械化施工组织设计，尤其是施工方案与组织措施；公路工程定额原理，尤其是定额的运用；公路工程概预算，重点是预算的编制程序及操作方法；工程量清单及技术规范的运用；投标报价案例分析及编制技巧；实物量法造价分析系统的实际操作。

（6）建设法规。本课程的教学目的是培养市场经济条件下具有法制意识，善于用法律武器维权的高素质人才。任务是通过课堂教学及相应的训练，使学生掌握建筑法规中一些重要的概念和常用的建设法规的基本知识，增强在实际工作中应用建设法规的意识，提高自己依法从事建筑活动，依法经营管理，依法维护企业和自身合法权益的能力和自觉性。课程内容有：法律基础知识、建设法规、城市规划法规、建设用地法规、建设法律制度、工程招标投标法规、市政建设法规、房地产法规等。

（7）招投标与合同管理。本课程的教学目的是掌握招投标与合同管理的理论与方法。任务是了解和掌握工程招标与投标的理论方法和技巧，相关文件的编制与审定，合同的相关法律法规和合同管理的专门知识和技能。课程内容有：建设工程招标投标概述，建设工程招标投标参加人的资质、权利和义务，政府对建设工程招标投标的监管体制、机构和职权，建设工程招标的范围、条件和方式，建设工程招标控制价的编制与审定，建设工程招标评标定标办法的组成与编制，建设工程招标代理制度，建设工程投标，建设工程招标投标法律制度，国际工程招标投标，建筑工程合同管理等。

（8）工程项目管理。本课程的教学目的是掌握工程项目管理的理论与方法。任务是通过学习本课程，使学生建立项目管理的概念，熟悉工程项目管理的流程，掌握工程项目管理的理论与方法。课程内容有：工程项目管理的基本概念、项目策划、系统组成和结构分析；工程项目管理计划系统概念、组成内容、编制原理与方法；工程项目管理控制系统的概念、组成内容、组织原理与方法；工程项目管理信息系统的概念、组成、功能、工作原理与使用方法。

（9）施工组织与管理。本课程的教学目的是为学生构建应用于施工现场管理的实用技能，为今后更有效地从事工程项目管理和施工现场管理奠定基础。本课程的任务是使学生掌握施工组织的基本原理、理论和方法，懂得如何结合工程项目的具体自然条件、技术条件和现场施工条件，编制出指导施工的施工组织设计，即按照客观规律，应用先进的、科学的管理方法组织施工，选择最佳施工方案，合理安排施工进度，做到缩短工期、节约成本，保证工程质量。课程内容有：工程项目施工组织概论、建筑施工流水作业、网络计划技术、施工组织总设计、建筑工地业务组织、单位工程施工组织设计、施工进度计划实施中的控制、计算机在施工组织设计中的运用。

（10）项目可行性研究与评价。本课程的教学目的是掌握项目经济评价的理论和方法。任务是使学生全面、系统地掌握技术经济评价的基本理论和方法；培养学生应用技术经济评价的基本理论和方法分析建设项目财务可行性和经济合理性的能力；使学生初步形成编制建设项目可行性研究报告的能力。课程内容有：导论，项目背景分析与评估，市场分析和生产规模确定，建设条件和厂址选择分析与评估，工程设计和工艺技术分析与评估，项目实施计划分析与评估，投资估算与资金筹措及案例分析，财务基础数据估算及案例分析，财务效益分析及案例分析，投资方案的比较与选择，国民经济效益分析，不确定性分析，改扩建项目经济评价。

（11）工程造价管理。本课程的教学目的是建立全过程造价控制的理念。任务是通过本课程的学习，使学生了解并掌握工程造价管理的概念及基本内容，熟悉工程造价确定与控制的全过程，并运用所学知识，解决工程造价管理中的实际问题，培养学生宏观管理工程造价的能力。课程内容有：工程造价管理概论，投资估算和财务评价，设计概算和设计方案优选，施工图预算的编制与审查，工程招投标和承包合同价，工程变更，索赔和工程价款结算，竣工决算和后评估，造价工程师执业制度。

（12）施工项目成本管理。本课程的教学目的是学会施工项目成本控制方法。任务是通过学习使学生了解施工项目成本控制的基本概念、原理和方法，对成本管理的内容有一个基本了解，培养学生解决实际问题的能力。课程内容有：施工项目成本管理概述，施工项目成本预测与成本决策，施工项目成本计划与决策，施工项目成本控制，施工项目成本核算，施工项目成本分析与考核，施工项目造价管理。

（13）装配式建筑计量与计价。本课程的教学目的是掌握装配式建筑预算编制方法。任务是通过该课程的学习，使学生了解装配式建筑的内容和程序，在熟悉装配式建筑施工过程的组织原理的基础上，理解装配式建筑施工组织设计的特点，掌握装配式建筑预算编制方法及计算程序。

（14）水利水电工程概预算。本课程的教学目的是掌握水利水电工程概预算编制方法。任务是通过该课程的学习，使学生了解水利水电基本建设的内容和程序，在熟悉水利水电施工过程的组织原理的基础上，理解水利水电施工组织设计的特点，掌握水利水电工程概预算编制方法及计算程序。

（15）资产估价。课程内容有：房地产与房地产估价概论、房地产价格、房地产估价原则、房地产估价程序、市场比较法、成本法、收益法、假设开发法、路线价估价法、长期趋势法、地价评估等。

（16）工程安全与环境保护。通过学习使学生了解工程安全与环境保护的基本概念、原理和方法。

思考题

1. 公共基础课有哪些内容，开课的目的是什么？

2. 学科基础课有哪些内容，开课的目的是什么？
3. 工程造价专业课有哪些内容，开课的目的是什么？
4. 哪些课程有前后衔接关系？
5. BIM 技术的应用将对工程造价管理带来哪些变革？

第 8 章

造价专业的学习方法

8.1 理论课程学习方法

8.1.1 五步骤法

大学理论课程的主要教学组织形式为课堂讲授。学习的目标是掌握本学科的基本规律、基本原理、基本概念和基本方法，并了解本学科的前沿知识，具备继续通过自学和实践钻研本学科新知识的能力。学习这些理论课的过程可以归纳为“五步骤法”，即听（怎样听课）、记（怎样记笔记）、习（怎样预习、复习和练习）、问（怎样提问）、查（怎样查阅参考文献解决疑难问题）等几个方面。

1. 怎样听课

听课是学生吸收知识最简捷的途径，因此，“听好课”是获得好的学习效果的最重要手段。要做到听好课首先要了解大学教师讲课的基本特征。

（1）目的性。教师要在绪论或导言中针对社会需求和专业培养目标讲明本课程的教学目的，并在日常讲课中反复强调。

（2）科学性。教师都十分重视讲解科学的概念、严密的论证、本学科的基本规律和方法，以及本学科的前沿知识。

（3）实践性。教师还十分重视理论问题的实践背景、实践应用和实践检验。

（4）选择性。鉴于信息量无限和学习时间有限这一对基本矛盾，大学教师只能选择最有效的基本信息在课堂上讲授。在一般情况下，教师侧重于讲基本概念、基本规律、基本原理和基本方法（简称“四基”），以便突出重点。

（5）启发性。教师都重视教学法，尤其重视启发学生的积极思维，重视在教学过程中培养学生的思维方法。

（6）逻辑性。教师都有自己的讲课思路，就是“提出问题、分析问题、解决问题、得到若干结论”的思维逻辑系统。

（7）独创性。教师往往有自己的学术见解、自己的研究成果、自己的工程经验、自己的教学体系，而不是照本宣科。所以每个人的讲课风格都会有所不同。

（8）艺术性。教师很注意把知识和个人内在的意向外化为语言、动作、表情、态度，使学生领会并受到感染。

（9）思想性。为了做到教书育人，教师会挖掘教学内容和方法中的教育因素，使学生通过听课得到思想收获；教师还会重视学风培养，注意自己的表率作用。

依据上述讲课特征，学生听课就要在集中精力的基础上，就以下几方面加以注意：

（1）按照教学目的，明确自己的学习目标（即学完这门课后在理论和方法上预期达到的效果），作为自我检查的依据。

（2）掌握课堂上阐述的基本概念及其定义（基本概念反映对象的本质属性）、定律（客观规律的表述）、定理（通过一定论证得到的结果），并了解它们的外延和背景。

（3）弄清讲授的重点、难点和教师的思路，特别注意本学科研究和解决问题的方法，以便运用基本概念解决问题。

（4）理解本课程的体系以及本课程和已学课程间的关系，以便用已学懂的知识进行联想，温故而知新。

（5）注意教师讲课中阐述的个人见解，既要积极开动脑筋思考问题，又可以大胆怀疑并提出问题。

（6）了解本学科发展趋势，以便于今后利用其他文献资料作进一步探讨。

2. 怎样记笔记

笔记分课堂笔记和读书笔记。它们都是学习方法中的重要环节。

（1）记课堂笔记的作用

① 使学生在课堂上能够集中注意力听课，提高学习效率。

② 促进学生在课堂上积极思维，增强听课效果。

③ 记下教师的思路、见解和解决问题的经验，以及教师所讲的那些教科书上没有的内容，便于课后有线索复习，提高学习质量。

④ 训练手脑并用的技能，这种技能将在听各种学术报告中起作用。

（2）记课堂笔记的方法

——有人愿意做详尽笔记，教师讲什么记什么；

——有人愿意记讲课要点，甚至只记提纲；

——有人愿意只记难点和重点。

这些做法都是可行的。记课堂笔记的详略程度和方法，要根据课程性质、讲授内容、教学方式和学生长期形成的行之有效的习惯而定。但有下列一些要点：

① 要记教师讲授的思路、重点、难点和主要结论

思路——指教师讲授的思维逻辑系统。它因人而异、因讲授内容而异，这种不同点正是学生要学习的地方。

重点——指概念、假设、推理、论证、判断、检验等环节。它们组成了课程中的理论部分。

难点——指需要花力气攻克的关键点。关键点攻克了，其他问题迎刃而解。

结论——指教师经过综合归纳出的一些要点，它概括了讲授的全部内容，既是讲授中的精华，也是学生复习时的提纲。

② 要因课程性质确定“记”的重点

a. 基础课和技术基础课教材比较成熟、详尽，系统性也好；学生在课堂上主要是听，笔记侧重于记下基本概念、基本规律、基本原理、基本方法的推论、应用和联系。

b. 专业课一般知识面广、综合性强、内容更新快，笔记除记好本学科理论和方法的推论、应用和联系外，还要敏感地记下更新的信息，注意记下与其他学科的联系。

c. 文科课程只要有较好的阅读能力就可以自学教材，笔记侧重于记基本的哲理、研究的方法、分析的论点、实践的验证。

d. 外语课不仅要记好语法分析，还要多记词汇、词组、习惯用语、一词多义等。

至于讲课中的数学推导过程、长篇文字叙述或公式推导则应尽量少记，留待自己复习时补充。

③ 要在记的同时进行积极思考

——讲到新概念时，要想一想为什么建立这个概念，它是怎样从实际问题中抽象出来的。

——讲到论证时，要想一想已知和未知的因素是什么，推理的方法为什么这样，论证中的关键步骤有哪些。

——教师讲到应用公式时，要想一想应用这些公式有什么限制条件，有什么实际意义。

这样边听边思考边记笔记，就能使所记内容成为自己理解的东西。

④ 要用自己的语言和符号记

课堂笔记不是给别人看而是为自己复习时用的。因此，笔记可以根据自己的需要采用自己愿意采用的各种符号、字母、代号、缩写、短语等，只要自己能看懂、便于自己应用就行。这样做对于提高记笔记的效率很有用处。笔记采用的文字，最好是经过思索后的自己习惯用的语言，这也是为了复习时更加方便和有效。

⑤ 要注意课堂笔记的格式

课堂笔记不拘一格，书写也不求工整美观；但笔记必须清晰、一目了然。因而，文字简练、用语确切、书写迅速、层次分明、纲目清楚等要求就十分重要。要用固定的笔记本，最好在每一页纸面上留一块空白，供复习或看参考书时作补充、修改、注释、归纳、写心得用。

⑥ 要经常整理课堂笔记

每学完一章或相似的几章后要对笔记进行整理。整理课堂笔记的目的是为了及时复习、及时总结，形成自己的思路，还有利于各门课程间融会贯通。

记课堂笔记有“五忌”：一忌做教师讲课的速记员；二忌做照抄板书的记录员；三忌心不在焉凌乱记；四忌为图省事在书上记；五忌为记而记，记而不用，等于没有记。

3. 怎样预习、复习和练习

学生在听课前后对主要教科书有关章节的阅读至少要有四遍：

——第一遍泛读，预习用。约需上课时间的15%，方法是概略地浏览即将听课的内容，做到心中有数，大体知道哪些是重点和难点。

——第二遍精读，复习用。方法是对照课堂笔记消化、理解教师讲授的内容。

——第三遍深入精读，重点深入地理解所讲内容中的重点和难点部分。

——在第三遍阅读后，可以认为已经理解所学内容，这时应该用自己的理解写一个小结。在这个基础上着手做练习作业。做作业前还应进行第四遍应用性阅读，侧重于看书上例题是怎样运用原理解决问题的。

（1）怎样预习

课前预习教科书有关章节的作用是：

① 有助于培养独立思考能力，因为预习时已独立思考过书中内容哪些已知，哪些未知，哪些是难点。

② 有助于提高听课质量，能在听课时格外注意重点和难点，跟上教师的思路。

③ 有助于提高记课堂笔记的水平，能克服“听、看、想、记”间互相干扰的矛盾，也能使笔记更加突出重点。

④有助于提高学习效率，因为预习时有关学过的知识已在头脑中过了一遍，加强新旧知识的联系，也更有助于记忆。

预习的基本方法是用“已知”比较鉴别“未知”，要在教科书上做一些符号，对新的概念和方法以及可能是重点和难点之处加以标明，以便在听课时引起自己注意。做好预习应坚持下面四点：

——要把预习纳入学习计划，有时间保证；

——要从自己已有知识实际出发进行比较鉴别；

——要努力摸索一套适合于自己的预习方法；

——要长期坚持下去形成一种学习习惯。

（2）怎样复习

① 课后复习的作用

a. 巩固课堂听课学到的知识。

b. 将“已知”的知识和“新知”的知识联系起来，在自己头脑中形成更为丰富的信息体系。

c. 为做习题练习、实际应用以及开展实验、大作业、设计等教学实践活动作理论准备。

d. 反复地过度复习可以使得某些知识形成头脑中的“常规”，达到学习过程中的一次次飞跃。

② 课后复习的特点

a. 不受讲课节奏的约束，学生可以自己支配复习时间和复习的次数。

b. 没有定型的方式方法，可以通过温习“已知”掌握“新知”，在新旧对比中复习，可以通过提问、质疑、讨论的方式复习，可以通过综合、归纳、总结的方式复习，可以通过习题、实验、设计等应用环节复习，也可以通过阅读参考文献的方式复习。

③ 广义的复习

a. 在习题练习中复习，通过练习运用所学知识并检查知识掌握程度。

b. 在初步掌握课内知识基础上，有针对性地找课外参考文献阅读，加深对课内知识的理解并扩大知识面。

c. 在练习和阅读参考文献后，再对一些重要的概念、原理再次进行复习、练习和应用，称为巩固复习或强化学习。

d. 在巩固复习后进行学习总结或学习综述（针对某一章或某一阶段）。

④ 复习时应该注意的问题

a. 正确对待复习和做习题练习的关系。应该在通过课后复习，掌握好基本概念、基本原理、基本方法后再做习题练习，而不要边做习题边复习。

b. 正确对待主要教科书和参考文献的关系。复习时，应该以教师指定的主要教科书和课堂笔记为主，参考文献为辅。在复习中还应该分清“重点”和“一般”，对于重点问题应该在复习中阅读一些参考文献以便加深理解。只有在确保掌握好重点知识的前提下，才能去扩大知识面。

c. 要及时复习、及时消化，不要等问题成堆后才复习，更不要考试前“临时抱佛脚”。

d. 在复习过程中，要不断地自己提出问题、自己回答问题，要“打破砂锅问到底”，不断地把概念引向深入，以便理解透彻。

e. 要用自己的语言和文字，以自己习惯用的格式进行学习小结、总结和综述；不要把总结变成抄书或抄笔记。

（3）怎样练习

练习是指学生在教师指导下，依靠自己的控制和校正，反复地完成一定动作或活动，借以形成技能、技巧或行为习惯的一种学习方法。如外语课的语音和作文练习、体育课的技能技巧练习、制图课的绘图练习、学计算机时的应用练习等。

做习题练习，是学生在教师指导下，运用所学知识，反复地对一些假想的或实际的问题做出解答，达到理解和巩固所学知识、形成一定技能技巧的一种学习方法。绝大多数课程都有习题练习这个环节。

学生在进行课后练习时，应该在思想上明确以下一些要点：

① 练习的目的

练习虽是多次完成某种活动或动作的过程，但它们并不是简单的机械地重复，而是教师有目的的安排。因此，学生应该主动了解教师安排练习的目的。

② 练习的内容

练习材料多是根据练习目的精心挑选的。学生在练习过程中不但要注意对教学基本内容的理解和加强基本技能的训练，而且要把典型练习和创造性练习结合起来，运用学到的理论知识去练习解决一些难度更大的甚至更有创新意义的问题。如果既有一般性练习要求又有提高性练习要求，应在完成一般性练习后力争完成一些提高性练习。

③ 练习的时间

练习是在基本掌握所学内容以后进行的。学生在尚未弄懂所学的基本概念、基本原理、基本方法以前，不要忙于练习，否则会事倍功半甚至愈练愈糊涂。练习（尤其是习题练习）还只是掌握所学内容的方法之一，不是掌握所学内容的唯一方法，不能以为会做习题了或者会操作了就完成了学习任务。但是，练习毕竟是及时巩固所学知识所必不可少的方法。因此，学生应该按时进行练习、按时将练习结果交给教师，以便教师及时发现错误、纠正缺陷。

④ 练习的方法

a. 练习要按照确定的步骤和格式进行。如果是做习题，计算或分析的步骤、过程、层次、公式来源、图式、数据、量纲、结论一定要清晰。其目的一是为了在做题过程中有一个明确的思路，二是为了便于教师批改时发现问题。

b. 练习先要求正确，后要求熟练。为了正确，宜设置若干自我校正的措施，如果是做计算性习题，宜每一步都设法校核，以免前面出的差错影响后续计算。为了熟练，练习必须有一定的分量。“熟能生巧”，熟练了就能产生巧办法。

c. 练习的方式要适当多样化，以提高对练习的兴趣和效果。譬如做习题时，能用几种方法分析解决同一个问题，则不但能从多方面运用所学的知识达到提高学习效率的目的，而且能够提高做习题的质量（保证不出差错）、提高对做习题的兴趣。

d. 练习一般先易后难、先单项（解决个别性问题）后综合（解决整体性问题）。一般来说，综合性练习（或者综合性的大作业）对加深单个概念间联系的理解、训练综合分析和解决问题的能力，更加重要。

e. 练习要个人独立地完成（也可在集体讨论的基础上个人独立地完成），在练习过程中要进行积极的思维活动。要理解了才去做，在做的过程中加深理解，不要还没有理解就急忙去做，吃“夹生饭”。

⑤ 练习结果的处理

学生在每次练习后，应该对自己的练习结果做一些自我检查，检查哪些方面有成效，哪些方面存在着缺点或错误。学生在做每道习题后，也应该对得到的结论做一些自我分析，例如这个结论是在什么条件下取得的，这个结论需受到什么限制，以扩大做出这道习题的“战果”。如果能在每次做完习题后对所做习题的结果有一个讨论，收到的效果会更好。此外，学生更必须认真对待教师对练习的判断和评语，从中能学到书本上学不到的东西。

4. 怎样解决疑难问题

学生在学习过程中会遇到各种疑难问题（包括教科书中的和教师提出的思考题）。这时，只靠听教师讲授和自己勤奋学习是不够的，还要靠勤于提问。所谓学问，就是既要学又要问。问谁呢？问自己、问老师、问同学、问书本。

（1）问自己

就是不断给自己提出问题，自己设法去解决问题。譬如：

——复习时不断给自己提出问题，为的是不仅满足于弄懂课堂上教师讲的和书上写的知识，而且要激发自己深入钻研的动力，找到深入钻研的途径。

——做完每道习题后还给自己提出问题并进行自己所提问题的讨论，为的是把解答引向深入，扩大做题的效果。

可见，只有步步给自己提出问题，才能深入地进行学习。

（2）问教师

不仅是将疑难问题向教师求答，更重要的是主动争取机会将自己经过思索得到的不确切的答案和教师共同讨论，分析正确和错误。问教师不仅仅是单向求答的过程，更是一个师生双向思想交流的过程。

在问教师时，要防止以下几种不良倾向：

——遇到疑难，自己无见解，不思就问；

——对教师的回答，未加理解和深究，囫囵吞枣；

——怕教师追问，不愿意进一步向教师提出更深入的问题。

（3）问同学

就是经常在同学间展开对学习中遇到的共同疑难问题的讨论。由于同学们都是思想活跃的年轻人，对问题没有固有的认识陈规，又容易产生许多新的认识火花。大家又处在同一个理解水平线上，能够从不同的角度提出问题，又从不同的角度去分析问题和解决问题。同学间的讨论能够敞开心扉、没有顾虑、甚至争得面红耳赤，更能够广开门路、集思广益，甚至议论出新的认识、新的见解以至新的问题。

（4）问书本

就是通过教科书和参考文献解决疑难问题。教科书对学生在学习阶段可能产生的问题是有解答的，只要将教科书的内容前后融会贯通，一般都能够找到答案。至于更深入一些的问题，则要通过阅读专门文献才能解决，而这些专门文献也会在教科书的参考文献目录中列出。

（5）做思考题

思考题是教师为学生创造的“问题情景”，使学生在探索问题中独立思考获取知识。思考题主要涉及教学内容中的一些概念和这些概念的应用问题。它所要求的解答往往是对一些问题的定性分析和归纳，解答的形式往往是运用文字加以叙述或运用图表加以解析，而不是用公式和数据加以演算。在一般情况下，思考题的解答可以按学生自认为合适的格式表达清楚，不必上交老师批阅，但还宜妥善保存以备复习时参阅。解答思考题要注意的方面是：

① 对所提问题既应独立思考，也可展开讨论，还可与教师共同探讨。

② 思考题的解答应该是在思考和讨论后自己认为正确的答案。

③ 要用简明的文字或图形、表格，清晰地将解答表述下来。

④ 受到思考题的启发，不断向自己提出更深入的思考题，寻找相关参考文献，开辟新思路，追求新认识。

⑤ 可把做习题、解思考题和进行阶段学习小结结合起来。

5. 怎样查阅参考文献

文献，是记录、存贮、传递知识的载体，也是与某一学科有关的图书资料。利用、吸取前人或他人的知识就需要阅读和研究文献。文献的形式有三大类：

（1）图书

图书包括：

① 教科书。它按照教学要求和学生认识规律编写而成，着重于系统的和基本的理论和方法，大体上反映某门具体学科体系的全貌，知识内容比较成熟和稳定。如《普通物理学》。

② 专著。它是某一领域的学术性著作，是研究成果最集中最成形的体现，是学科领域的基本著作，其理论观点比较全面，提供的知识比较系统、成熟、可靠，而且信息量较大。如《钢筋混凝土结构理论》。

③ 论文集。它是研究人员的专题研究成果或阶段研究成果的汇编，往往先发表于报刊，再由编者筛选而成，论文集对学术研究的参考价值较高。如《砌体结构研究论文集》。

④ 国家标准。它是对重复性事物和概念所做的统一规定，以科学、技术和实践经验的综合成果为基础，经有关方面协商一致，由主管机构批准，以特定形式发布，作为共同遵守的准则和依据。如《土的分类标准》。

⑤ 技术规范。它是对技术要求、方法所做的系列规定，所涉及的范围一般很广，内容较系统、通用性强。它是国家标准的一种形式，但比国家标准的规格稍低。如《钢结构设计规范》。

⑥ 技术规程。它主要对具体技术要求或实施程序做出规定，所涉及的内容比较具体、单一、专用性强。它也是标准的一种形式，一般不用在国家标准的名称中。如《钢筋混凝土深梁设计规程》。

⑦ 工具书。如百科全书、手册、指南、年鉴、词典等，是一种供人们查阅、当作参考工具使用的图书，知识内容广泛，便于查考使用。

（2）报刊

报刊包括：

① 报纸。指连续性出版物，以新闻报道为主，信息量大，现实感强，但理论价值不大。

② 期刊（或称杂志）。它是有出版规律、出版顺序、每期载有不同作者至少两篇以上的连续出版物。其体裁庞杂、多样，内容多是未经重新组织的研究成果，其中有的还没有得出完整的结论，却对研究人员有很大的参考价值。如《建筑技术通讯》。

（3）非报刊文献

非报刊文献包括：

① 学术会议论文（国际性、全国性、专业性）。这种文献的专业性强，可基本反映某一学科进展状况以及新成就、新发现、新问题。

② 科技报告。它是一种单行本出版物，是某项科研和革新成果的正式报告，或研究试验过程中的阶段进展情况实录，具有较高的使用价值。

③ 政府出版物。包括行政法令、规章制度、技术政策、会议决议等。

④ 技术档案。包括讲义、图片、照片、录音带、录像带、技术资料等。

由此可见，学生学习所用的教科书（包括讲义、教学辅助材料等）只是文献中的适宜于教学用的一种形式，它侧重于某一门学科的基本概念、基本原理和基本方法。至于本学科的历史、现在和未来的全貌，本学科的各种研究过程和各方面的研究成果，以及本学科在工程技术中的具体应用，往往要到专著、论文集、标准、规范、规程、期刊、技术手册中去寻找。对一名理工科大学生来说，停留于学习教科书中的知识是远远不够的，他们必须学会并具备以教科书为基础，查阅其他参考文献，加深对教科书所述基本内容的理解，丰富自己头脑中信息网络的能力。

查阅参考文献的基本途径有两个：一是检索，二是记读书笔记。

① 文献检索是从众多文献中查找出符合特定需要的文献或某一个问题解答的过程。检索方法有手工检索和计算机检索两种。

a. 手工检索的基本手段有：卡片检索（将文献按书名、作者名或学科分类体系以一定顺序编成卡片供查寻）；附录检索（将文献名单附录于图书或文章之后作为参考文献书目）；期刊检索（将本学科有关近期文献编入期刊，定期连续出版供查寻）；书本检索（以书本形式出现，收录文献的范围较齐全）。

b. 计算机检索由微机在检索系统的数据库中查寻文献，或在互联网上查询文献。检索系统的数据库是指一组计算机可读的相关文献集合，这些文献可能摘自图书、期刊或非报刊文献。一个检索系统通常由一个或多个数据库组成，每一数据库由许多“文献记录”组成，每一个“文献记录”记录了该文献的题目、作者、内容简介、文献出处（如印刷单位、收藏单位）等字段。计算机检索必须将所收集的文献按固定格式编成计算机可读的“文献记录”，而且应该组成专业性、地区性、全国性，甚至国际性的计算机情报检索系统，采用“人— 机”交互式对话的联机系统，以便大大提高检索的效率和质量。在互联网上检索的前提是各科技情报机构、学术团体、出版单位、图书资料部门定期将所收集或据有的文献以一定的分类体系，按固定的格式上传至互联网（也可以内容提要的形式上传至网络），学生使用时可直接通过互联网查寻。

② 查阅参考文献应该和记读书笔记同时进行。记读书笔记的方法有三种，分别为摘录式

笔记、批注式笔记和评注式笔记。

8.1.2 融会贯通

工程造价专业是一个综合性学科，目前工程造价专业课程仍客观存在条块分割、知识融合度不够的现象。犹如缺乏搅拌和融合的砂石、水泥和钢筋，未能形成紧密结合、强度倍增的"基石"，从而难以达到支撑高楼大厦的技术要求。工程造价专业教学和学习应该借鉴钢筋混凝土的形成机理，通过"物理搅拌+化学融合"式的学习方法，在学习过程中注意将各个不同类别的主干课程的要点适当地串联、汇集，将相关知识、技术有机组合，达到知识的融会贯通，学为所用。

1. 物理搅拌

知识的物理搅拌，是指打破目前工程造价专业不同课程间存在的泾渭分明和条块分割现象，将各门主干课程内容适度地联系，达到主干课程知识面上的"物理搅拌"。这一过程强调知识表面上的整合。借鉴这种方法，通过反复解构和组合课程内容，在学习实践中将所学的知识重新搭接和有机组合，达到深入了解局部、系统把握整体、明确相互联系，从而大幅提升专业学习的效果。以"工程计量与计价"课程为例，要正确估算一幢楼房的造价，需要我们将整幢楼房分解为基础、主体结构、楼地面、墙柱面、天棚面、门窗等若干部分，其中每一部分再按实际需要依次细分，直到形成与工程定额相对应的计算单元。计算得到若干计算单元的造价后，逐一汇总方可得到整幢楼房的造价。在此过程中，需要综合运用"工程制图""建筑构造""工程材料""工程施工"和"工程估价"等技术类课程的知识。只有通过上述知识的"搅拌"，学生才能形成系统、完整的知识结构，形成对实际工程进行计量计价的能力。

2. 化学融合

化学融合与物理搅拌相比，本质的区别在于物理搅拌仅仅局限于各个组成部分面上的交融组合，而化学融合着眼于本质性能的改善和提高，强调通过将各个组成部分有机融合在一起，达到物质性能的改变和提升。

工程造价专业知识的"化学融合"，旨在将解决某一具体工作的所有相关课程知识有机地组合起来，在一个统一的平台下形成专业知识的有效结合，实现"一盘散沙"到"摩天大楼"的化学反应，实现量的积累到质的飞跃。

以"建筑工程计量与计价"课程为例，在时间安排上，从第一学期到第四学期顺序安排工程制图、房屋构造、建筑材料、建筑结构、建筑施工等技术平台的课程，辅之以相应的认识实习和课程设计，在此基础上再来学习建筑工程计量与计价，就可以让专业知识的学习由浅入深、由易到难、由局部到整体、由分析到综合逐步展开。这个模式是推进化学融合的有效方式。一方面，它根据课程之间的逻辑关系确定彼此的先后顺序，从而让学生在专业知识的获取上形成由浅入深、由易到难、由简单到复杂的认知；另一方面，学生在学习过程中，可以保持动态的学习热度和积极性，这种全过程渐进式的学习方式易于学生掌握、消化和吸收所学的知识，真正达到学以致用的目的。

8.2 实践课程学习方法

8.2.1 认识实习

刚刚进入大学的大部分学生对“工程”不甚了解或知之甚少，通过认识实习这一环节，能够帮助学生初步了解工程计价的流程，形成对工程造价专业的初步认识，从而激发学生对本专业的学习兴趣，为后续课程的学习增加感性认识。通过认识实习活动，可以锻炼学生观察、理解实际问题的能力，培养学生认真、严谨的学习态度和工作作风。

在认识实习过程中，学生应严格按指导教师的安排，认真听取施工现场安全管理人员的入场教育，做好安全防范措施；主动与工程技术人员和工人师傅沟通，在技术人员或现场指导人员的辅导下熟悉工程概况和工地情况；认真观察工人师傅从事的如砌墙、浇灌混凝土、墙面抹灰、地面铺砖等现场劳动，了解手工操作的基本技能。学生应仔细观察各种现象，认真听取现场介绍并做好现场参观的记录，通过撰写实习报告对参加认识实习的收获进行总结。

8.2.2 课程实训

作为课程教学内容的重要组成部分，课程实训与课程理论教学相配合而进行。如招投标模拟实训，在“招投标”课程理论教学进行到一定阶段后，将安排一定时间的集中周进行的模拟实训活动。学生要想顺利完成课程实训任务，需要事前认真学好相关课程的理论知识，实训过程中虚心接受老师的指导，同时要充分发挥团体合作精神。

8.2.3 生产实习

生产实习是教学计划的一个重要组成部分，是强化学生对基础知识、技术方法认识进行理解、掌握的重要手段和环节，是培养学生综合实践能力的有效方法，是学生进入社会的纽带和桥梁。

例如，在工程造价管理的生产实习过程中，学生可用已学的专业知识和技术方法拟制实习工程的造价文件编制流程，并与现场流程相比较找出两者的差异。通过生产实习，可以较全面地了解国内目前工程造价行业的发展水平，并结合自己所学专业知识，分析、研究工程造价实践中具有一般规律性的现象和问题，探索提高工程造价工作质量和效率的方法和途径。

学生在生产实习中应注意杜绝三种倾向：

（1）漫不经心、不以为然。工程本身就是需要严谨、认真的态度，而工程造价行业更要做到严谨无误，养成一种良好的工作态度是生产实习的一个主要目的。

（2）脱离实际、照本宣科。部分学生在实习过程中不注意对工程特定的条件进行系统、全面地分析，对所参与、观察和了解到的现象机械地与曾经学过的课本内容相对照，轻易得出对、错、优、劣的结论。必须认识到课本内容是若干工程实践共性经验的抽象反映，理论对实践的指导作用并非一定是已有的结论对各种工程问题的机械规定。

（3）满足表面、不求甚解。有些学生在实习中接触工程实践后，片面地形成了工程造价只需要实际操作技能的观念，忽略了扎实的理论基础、系统的思维方法和全面的知识结构才是指导实际操作，提高工作效率及水平的根本。正确的学习态度是，注重生产实习中所参与和观察到的每一细节，深入了解其产生、形成、发展的实际背景和客观条件，结合所学的理论知识和技术方法对其认真地归纳、总结和分析，从而逐步提高自身对基础理论、技术方法的正确理解和应用能力。

8.3 课程设计学习方法

8.3.1 课程设计的要求

课程设计的性质不同于课外作业。课外作业是配合课堂教学进度，根据教师所设计的典型条件，解答某个具体问题，或根据教师所给数据进行运算绘图，它所涉及的范围是某一单元或章、节。而课程设计是一门或几门课的有关知识的综合运用，它要全面地考虑相互联系着的各个方面和各种条件，例如钢筋混凝土结构课程的梁板柱构件设计。它不仅仅是应用一些现成的公式做简单的计算工作，而是要根据设计综合地考虑各种因素间的相互作用。因此，课程设计的主要任务是应用所学的有关专业知识，处理好各种因素的相互关系，创造性地完成符合实际要求的设计任务。

又如工程预算课程设计，在“建筑工程计量与计价”课程理论教学进行到一定阶段后，将安排一定时间的集中周进行工程预算课程设计。学生需要掌握读识工程施工图的方法，依据清单规范和计价定额正确列出预算项目的方法，正确计算工程量的方法，套定额计算直接工程费的方法，正确计算间接费用的方法，填制各种表格编制预算文件的方法，使所学的相对分散、抽象的计量与计价知识通过综合应用而形成完整、系统的实际能力。

8.3.2 课程设计的方法

课程设计有设计任务书，一般 1 ~ 3 周完成。课程设计任务书包含目的、内容、要求、设计资料、设计步骤、设计方法、设计进度、参考资料等。课程设计课题一般每个学生不完全相同或所用参数完全不同，每个人都必须独立完成。

学生做课程设计时，首先要认真按教师的要求阅读设计任务书。如果可以自由选择课题，则要根据自己的专长、能力和爱好与教师商定，然后根据设计任务拟定进度计划。制订计划既要保证按时按质完成，也应该适当留有余地，以便有时间进行必要的返工和修改。

课程设计的成果是学生撰写的设计说明书和绘出的相关图纸。图纸要布置得当，说明书要条理清楚、语句通顺、字迹工整、论据充足、计算正确、图面干净、比例恰当、线条分明、尺寸完整。总之，必须以科学的态度对待课程设计的学习。

8.4 毕业设计学习方法

毕业设计是学生在毕业前的最后一个重要教学环节。其目的在于巩固、加深、扩大学生所学基本理论和专业知识，并使之系统化；培养学生综合运用知识、技能及解决工程技术问题的能力，使其初步掌握设计原则、方法和步骤等。它是学生毕业之前的一次“实战演习”。

8.4.1 毕业设计的要求

毕业设计（或毕业论文）在深度和广度上的要求都比课程设计或课程论文高。它的范围不再是一门课程，而要覆盖全部专业知识和技术。同时，它还含有创造性因素，能解决较为复杂的问题。

毕业设计（或毕业论文）的选题很重要，一般应符合下列几个原则：

（1）符合专业培养目标，以便巩固本专业所学知识，能较快适应本专业的工作任务，对所学知识有综合运用能力。

（2）好的课题要使学生既有设计构思，又有分析计算；既有理论探讨，又能运用现代方法。课题太简单、狭窄、资料太少、条件限制太呆板以及课题太陈旧，都难以达到这种要求。

（3）内容分量及难度适当，使学生经过努力能在规定时间内完成，若难度过大，在有限时间、有限知识领域内很难完成，会挫伤学生的信心。分量过轻又使学生无压力感，不利于调动学生的积极性和创造性。

（4）课题应当在规定时间内取得成果。如果做一个实验，其结果不可预期，盲目收集一大堆资料却分析不出结果等，都是不合宜的。

8.4.2 毕业设计的方法

学生在进行毕业设计或撰写毕业论文阶段应该注意以下四点：

（1）事业心和责任感。以科学的态度从事设计和写作，要有实事求是的精神，认识到自己“作品”的实际价值。例如，在造价文件编制中应该根据国家的计价规范和当地的计价规则，按照当地的施工条件、市场行情进行编制。在论文写作中应该遵守国家方针政策，所用素材可靠，内容翔实。

（2）处理好与指导老师的关系。要把老师的严格要求当作是对自己的真正关心，要接受老师的“指着走”而不是“抱着看”。要牢记“授人以鱼只供一餐之需，授人以渔则终身受益无穷”。

（3）工作中应贯彻理论联系实际的原则，正确地运用科学的研究方法和设计方法。

（4）虚心学习。虚心向教师、工程技术人员和生产者学习，向书本学习，向实际学习，并大胆借鉴国内外的先进经验为我所用。

毕业设计或论文完成后，要认真整理好全部资料（包括图纸、资料、实验记录、原始数据、计算数据、调研资料、软件运行程序、磁盘、图片、设计手稿，复印件和毕业设计成果等），要细致地进行审定，并由专家组成的答辩委员会进行答辩，最后给出评语和成绩。

毕业设计要想取得优秀成绩，必须做到：

（1）能全面完成设计的任务，能灵活、正确、综合运用所学的基础理论和专业知识，分析问题、解决问题的能力强，在设计中有独到见解和知识创新。

（2）提交成果质量高，考虑问题全面，结论正确，论据充分，说明书条理清楚，文理通顺，编排符合规范要求。

（3）在答辩中正确回答问题，表达能力强。

（4）在设计中勇于承担任务，认真努力，态度端正。

（5）如有实验内容，要求实验技能高，方案正确，数据可靠，动手能力强。设计中还要翻译或拟写一定数量的外文资料。一篇高质量的论文，不是面面俱到，而应该是资料翔实，分析中肯，论点正确，见解独特。

思考题

1. 面对如此繁重的专业学习任务你有什么好的学习方法？
2. 如果让你自己去找单位实习你将怎么做？
3. 为你自己设计一个大学的学程规划。

参考文献

[1] 罗福午. 土木工程（专业）概论[M]. 武汉：武汉工业大学出版社，2000.

[2] 尹贻林，严玲. 工程造价概论[M]. 北京：人民交通出版社，2009.

[3] 中国建设工程造价协会. 建设项目全过程造价咨询规程(CECA/GC 4-2009)[S]. 北京：中国计划出版社，2009.

[4] 中华人民共和国住房和城乡建设部. 建设工程工程量清单计价规范[S]. 北京： 中国计划出版社，2013.

[5] 李建峰. 工程造价（专业）概论[M]. 北京：机械工业出版社，2014.

[6] 张建平，董自才. 工程造价专业概论[M]. 成都：西南交通大学出版社，2015.

[7] 住房与城乡建设部高等学校工程管理和工程造价学科专业指导委员会. 高等学校工程造价本科指导性专业规范[M]. 北京：中国建筑工业出版社，2015.

[8] 教育部高等学校教学指导委员会. 普通高等学校本科专业类教学质量国家标准[M].北京：高等教育出版社，2018.

[9] 住房与城乡建设部，交通运输部，水利部，等. 造价工程师职业资格制度规定[Z]. 2018.

[10] 张建平，张宇帆. 建筑工程计量与计价[M]. 2 版. 北京：机械工业出版社，2018.